（日）岛本彩惠 ◎ 主编 ｜ 王梦蕾 ◎ 译

宠物狗美容
图解教程

清洁　护理　造型

化学工业出版社

·北京·

TRIMMER NO TAMENO JISSEN JOTATSU TECHNIQUE: CUT GIJUTSU KARA SALON

DUKURI MADE supervised by Sae Shimamoto

Copyright © eplanning, 2019

All rights reserved.

Original Japanese edition published by MATES universal contents Co., Ltd.

This Simplified Chinese language edition published by arrangement with MATES universal contents Co., Ltd., Tokyo in care of Tuttle-Mori Agency, Inc., Tokyo through Inbooker Cultural Development (Beijing) Co., Ltd, Beijing.

北京市版权局著作权合同登记号：01-2022-0154

图书在版编目（CIP）数据

宠物狗美容图解教程：清洁、护理、造型 ／（日）岛本彩惠主编；王梦蕾译. -- 北京：化学工业出版社，2022.4（2024.8 重印）
ISBN 978-7-122-40764-1

Ⅰ．①宠…　Ⅱ．①岛…　②王…　Ⅲ．①犬 - 美容 - 图解　Ⅳ．①S829.2-64

中国版本图书馆 CIP 数据核字（2022）第 021261 号

责任编辑：刘晓婷　林 俐　　　　　　　　　装帧设计：对白设计
责任校对：宋　玮

出版发行：化学工业出版社（北京市东城区青年湖南街 13 号　邮政编码 100011）
印　　装：北京宝隆世纪印刷有限公司
787mm×1092mm　1/16　印张 8　字数 200 千字　2024 年 8 月北京第 1 版第 4 次印刷

购书咨询：010-64518888　　　　售后服务：010-64518899
网　　址：http://www.cip.com.cn
凡购买本书，如有缺损质量问题，本社销售中心负责调换。

定　　价：69.00 元　　　　　　　　　　　　版权所有　违者必究

前　言

　　在国外，宠物狗的美容工作被称为"grooming"，将从事这项工作的人称为"groomer"。这两个词的词源为"groom"，原本用于马匹的护理。

　　大约40年前我去美国的移民局，工作人员问我："你从事什么职业？"当时的我还不知道"groomer"这个词，于是就回答"我是一名'trimmer'"（修剪）。结果对方又问我："你修剪什么？"

　　"trimmer"这个词是日本造出来的和制英语，在国外并不通用。但它在日本已经是一个为人们所熟知的职业名称了。

　　本书旨在满足从业余爱好者到专业美容师等不同读者的需求，囊括了宠物美容的基础知识、技能技法以及实践应用。

　　希望所有宠物狗主人与宠物狗美容行业从业人员都能从本书中有所收获。

島本彩惠

C O N T E N T S
目 录

第2章
护理技巧和清洁技巧

护理技巧

清洁技巧

第3章
狗狗造型技巧

狗狗生理构造基础知识

狗狗造型案例

第1章

基本的沟通技巧和
工具使用技巧

沟通技巧1

结合"动作训练"，让狗狗爱上美容

训导员 / 仓冈麻子（INUDOG）　　模特 / Sora、Apricot、Olive、Chance、Ruby、Santa

■让狗狗们感受到去美容店"好开心","一点也不可怕"

来宠物店做美容的每一只狗狗的品种、身体状况以及来宠物店的频率各不相同，有每个月定期来做美容的，也有好几个月才来一次的，还有第一次来的。

那些光临宠物店的狗狗们情绪如何？是非常开心，还是满脸都写满了抗拒呢？事实上，每一只狗狗的情况都不尽相同。

有的狗狗每次做美容都安安静静，看起来很享受，我们就尽量让它们保持这样的状态。有些幼犬、被收养的流浪犬等是第一次来宠物店做美容，我们要尽可能让宠物店成为它们喜欢的地方。

在宠物店里，很多狗狗经常被迫忍耐很多项目。为此，我们应该掌握一些"动作训练"技巧，让狗狗可以"理解"并愿意"主动"配合。"动作训练"是一种适用于所有动物的训练方法，常被用于动物园、海洋馆等。这种训练方法在实施过程中不会给动物带来身体上或精神上的痛苦，非常适合在宠物医院或宠物店中推广。

接下来，本书将介绍一些实用的适合狗狗的动作训练方法。

关键在于"退一步思考"。一般来说，宠物美容师或训导员都非常喜欢狗，看到狗狗就有"自来熟"的倾向。但是，对于那些第一次接触的狗狗以及情绪紧张的狗狗，我们最好先不去关注它们，不主动采取任何行动，等待狗狗自己感受到"没什么危险"之后主动接近我们。

当狗狗主动停止某个不好的行为之后，我们要给它们食物予以奖励（让它们觉得这样做有好处）。这样可以让它们养成自我控制的习惯，抑制冲动。

▲将食物放在手上，让狗狗学习如何获得人类手上的食物（主动行为）。

1 将食物藏在一只手里。狗狗会因为想要食物而用爪子或鼻子拱你。这时不要张开手，不要把食物给它。

2 当狗狗平静下来，坐下或者趴下之后，再将手摊开，把食物给它。通过这样的训练，狗狗就能逐渐学会如何获得食物。

要点 1
让狗狗喜欢上宠物店和美容师的
"美味"诱惑

◀初次接触▶

1 首先，在手边准备好好吃的食物（狗狗平时吃的零食即可）。让狗狗在屋子里自由走动。

2 等待狗狗接近。

3 当狗狗坐下并与你有眼神接触之后，发出"yes"之类的肯定指令。

4 抓住时机，迅速给予食物奖励。

◀难以冷静的狗狗以及胆小怕生的狗狗▶

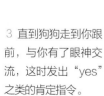

注意！
1 这是关键步骤。在桌子上准备好零食，不对狗狗发出任何声音，无视它。

2 狗狗可能偶尔会朝你看过来，但你要等待它接近你。

3 直到狗狗走到你跟前，与你有了眼神交流，这时发出"yes"之类的肯定指令。

4 立刻奖励零食。记住要等待狗狗主动采取行动。

想要减轻美容过程中的负担，就要让狗狗充分适应美容台

■让狗狗把四只脚都踩在美容台上

不论是在宠物店，还是在宠物医院，让狗狗站在桌子上或诊疗台上也能保持平静是很重要的。狗狗一般都不太喜欢站在高处，但是为了使美容工作能够顺利进行，有必要训练它们适应站在桌子上。另外，在美容台上接受美容时，从安全层面考虑，用吊杆上的绳子拴住狗狗也是十分必要的。因此，也要让它们适应被绳子拴住的状态。

同样使用"我能站在桌子上或高台上→我就能得到零食奖励"的动作训练让狗狗们适应美容台。对于

胆子较小的狗，我们可以从一只脚开始慢慢练习。但是，对于那些浑身剧烈颤抖的狗狗，它们还没有达到能够接近台子的状态。我们要细心辨别每一只狗当前最需要克服的问题是什么，按照它的状态改变训练的顺序，让狗狗从它能做到的事情开始慢慢做起。

关键在于让狗狗一点一点慢慢习惯，比如一只脚站上桌子就给予零食奖励，最终的目标是四只脚都站上桌子。

◀ 让狗狗意识到可以放心踩在桌子上 ▶

1 确认狗狗站在桌子上会不会发抖。

2 狗狗冷静下来时，抓住时机给予奖励。

3 让狗狗能够在桌子上趴较长时间也很重要。耐心引导狗狗趴下。

4 狗狗趴下之后给予奖励。注意不要重复练习太多次，否则容易使狗狗产生厌倦。

注意！
5 因为需要给狗狗做面部修毛，我们还必须让它习惯被摸脸。首先从轻轻触碰面部开始，然后装作若无其事地抚摸它的下巴，给予奖励。等它吃完后，收回双手。

◀让狗狗慢慢适应梳子等工具▶

1 先把梳子拿在手里，给狗狗看一看。

5 用梳子背面划过狗狗的背部。

2 在狗狗看到梳子并平静下来之后，给予奖励。在狗狗主动采取行动之后进行奖励，可以让狗狗增加自信。

6 如果狗狗适应了，给予零食奖励。

3 梳子类的工具刚开始不要使用梳齿部分，而是用不会产生不舒服感觉的背面部分触碰狗狗，让它慢慢习惯。

7 用梳齿轻轻梳过狗狗的背部，适应的话给予奖励。

4 如果适应了梳子背面的接触，给予零食奖励。

不能这样做

8 绝对不能在梳毛的同时给零食，不然当前的安静也就成了"临场作戏"。狗狗早晚会不配合梳毛。

适用于多种场景的"垫子训练"

■在垫子这个安全的地方可以做任何事情!

首先,准备一张比狗狗体型稍大的垫子。引导狗狗,让它认为"在这块垫子上会有好事发生"。

具体的做法是:狗狗站上垫子→给予零食奖励,循序渐进直到狗狗能够主动站到垫子上。狗狗从远处跑过来主动站上垫子时给它奖励,主动坐在垫子上时给它奖励,主动趴在垫子上时给它奖励。

当我们让狗狗意识到"如果有人拿出垫子,并且我主动站上去,就会有好事发生"之后,就可以在垫子上给狗狗做美容了。接下来,要让狗狗在垫子上适应美容工具。

如果狗狗在家中习惯了垫子,并且能在垫子上进行梳毛,那么也可以将家里的垫子带到宠物店里,这样可以使美容工作更加顺利。

◀初始目标是让狗狗四只脚都站在垫子上。接下来将目标升级为坐在垫子上,最终目标为趴在垫子上。只要让狗狗认识到在这个垫子上会有好事发生,那么当它去宠物店或其他公共场所时,也能够放松下来。

◀让美容台变成舒适的环境▶

1 把垫子放在美容台上,当狗狗坐在垫子上时给予奖励。

2 引导狗狗趴下。

3 能够保持趴伏的姿势时给予奖励。练习时可以选择一些材质适合进行美容工作的垫子。

◀ 首先将垫子铺在地上练习 ▶

1 手里拿着零食，等待狗狗接近垫子。在地上练习可以让狗狗有更多选择。

注意！
4 接下来引导狗狗从坐着的姿势变为趴着，关键是不要给出具体的指令。

2 当狗狗把脚踩在垫子上时，对它表示"yes"之类的肯定，并给予奖励。

5 当狗狗主动趴下后，对它表示"yes"之类的肯定，并给予奖励。

3 当狗狗主动坐下时，对它表示"yes"之类的肯定，并给予奖励。

6 当狗狗保持趴伏的姿势时，对它表示"yes"之类的肯定，并给予奖励。

给狗狗主人的建议

　　尽量邀请家人一同对狗狗进行垫子训练。并且告诉家人，尽量定期用同一块垫子给狗狗梳毛。家人在此过程中，不要给出任何指令，只在狗狗主动采取行动后给予奖励。

从幼犬期开始进行"冲动控制"

■通过"幼犬训练"为以后的共同生活打下基础

很久以前人们就开始强调"幼犬训练"及"幼犬派对"（聚集年龄相仿的小狗让它们一起玩耍以获得学习和社交能力）的重要性。对于体验过的狗狗主人来说，一定对这份重要性深有体会。幼犬经过训练，成年后能让自己与主人的生活更加轻松自在。此外，狗狗自身的抗压能力也会变强。幼犬期的社交行为会影响它们接下来的性格。家里迎来小狗之后，应该尽早开始进行幼犬训练。

尤其是出生后 3 个月左右，这个时期狗狗脑部发育能达到约 80%。在这个阶段进行训练的效果要比 6 个月大时进行训练的效果好。

为了预防狗狗做出对人类不好的行为，我们也应该重视幼犬训练。在幼犬训练中，重点不是教会狗狗"坐下"或"握手"这类基础的指令。让小狗能够在人类社会中具有良好的举止，这才是训练最重要的任务。如果主人没有足够的意识，没有在合适的时间训练狗狗，那么狗狗就会按照天性养成习惯，这些习惯可能会对人类家庭造成很大的困扰。

宠物店也要提高幼犬训练的意识，并将这种意识和相关信息传达给饲主。如果店里有足够的空间，可以开设一些训练课程，或给客人介绍一些训犬师、提供幼犬训练的动物医院、专业机构等方面的信息。

从前对家养犬的训练非常简单，单纯靠牵引绳来抑制狗狗所有的不当行为（狗狗的自然行为）。现在主流的训练方式则结合了犬类的行为学、心理学、生理学等学科，在这些科学知识的基础上，结合每一只狗的个性进行训练。

在训练过程中幼犬需要学习的项目有很多，其中有几项是所有犬类都要学习的。

1 梳毛

长毛犬种自不必说，对于短毛犬种来说，梳毛也是十分重要的。梳毛不仅能够让狗狗的被毛更加顺滑，还能够促进新陈代谢，改善皮肤状态。梳毛时要根据狗狗的被毛长度以及毛质选择不同的工具。在使用梳子类工具时，要注意力度，不让狗狗感到疼痛是十分重要的。

宠物店有义务将梳子类工具的使用方法及合适的力度教给饲主。

2 剪指甲

将狗狗的指甲剪到合适的长度可以方便它们走路，因此剪指甲是一项很重要的工作。有很多饲主都觉得给狗剪指甲很难，认为还是把这项工作交给宠物店或宠物医院来做比较好。

剪指甲时要循序渐进，让狗狗慢慢适应。在碰到它的爪子时给奖励、给它看指甲剪时给奖励、抬起它的前爪时给奖励、剪好第一个指甲时给奖励。注意，绝对不能在一开始就剪破出血。狗狗如果在幼犬期剪指甲感受到痛苦，以后也会抗拒剪指甲。有时候只是举起它的爪子，让它看到指甲剪，它就会逃跑。

3 主动让人给它戴上项圈和牵引绳

不论是出门散步，还是坐车出去玩儿，只要迈出家门，不论是什么样的狗狗，都需要戴上项圈和牵引绳。项圈的种类有很多，但首先要让狗狗适应脖子上戴着东西的感觉。这一点也要循序渐进地进行训练。

循序渐进进行训练，首先是
"吃零食训练"

◀ 在腿上进行简单练习 ▶

1 先将狗狗放在腿上，将攥着零食的手伸到狗狗面前。如果狗狗不停地嗅或用鼻子拱你的手，不要张开手掌。

2 等到狗狗不再催促你张开手，这时对它表示"yes"之类的肯定，并给它零食。

注意！

如果你稍稍错过了给狗狗零食的时机也不要紧。重要的是不去关注它，并且绝不给任何指令。

通过"看到拿着零食的手→嗅或舔这只手→没有得到零食所以不舔了→表示'yes'之类的肯定→给零食"这样一系列训练，可以达到控制冲动的效果。从狗狗平常吃的主食到冻干肉，再到奶酪或煮熟的肝等好吃的零食，食物可以准备得齐全一些。

◀ 在地板上进行练习 ▶

注意！
1 在地板上练习时，狗狗的选择和干扰会更多，因此推荐大家使用这种训练方式。

2 当狗狗主动停止催促的行为（自我控制）时，对它表示"yes"之类的肯定，并奖励零食。

3 不断将零食从左手换到右手，再从右手换到左手。

注意！
4 还可以不将零食放在手里，而是放在地上。循序渐进，一点点增加难度。

要点 2
在地上进行垫子训练，
让狗狗处于有更多干扰的环境中

◀ 先训练狗狗站在垫子上，然后趴在垫子上 ▶

1 当狗狗离垫子很远时，将食物放在手里等着它。

5 在狗狗的四只脚都站在垫子上后，等待它坐下。

注意！
2 当狗狗主动站上垫子时给它奖励。绝对不可以引导它。

6 坐下后，给它奖励。

注意！
3 可以故意用食物诱导它离开垫子，增加对狗狗的干扰。

注意！
7 将目标定为让狗狗主动由坐姿变成趴伏的姿势。

4 直到狗狗能自己主动把四只脚都站在垫子上为止。

8 狗狗趴下后，在它保持趴伏状态的过程中给它奖励。

要点 3
让狗狗适应抚摸及工具，
一步一步增加"信赖存款"

◀ 抚摸全身 ▶

1 让狗狗逐渐适应抚摸全身。首先从最容易被人抚摸的头部开始，并给予奖励。

注意！
2 接下来抚摸它的下巴下方，这在面部美容时是必不可少的。

3 慢慢地抚摸狗狗的肩部到前肢，直到爪子。

注意！
4 如果是耳朵很长的犬种，需要格外注意给耳道内部及耳部被毛做护理，因此需要让它们习惯耳朵被触碰的感觉。

◀ 适应工具 ▶

1 给狗狗剪指甲或护理爪垫时，需要握住狗狗的爪子。首先让它适应伸出一只爪子。

注意！
2 剪指甲时要一只一只剪。将指甲剪贴在指甲上时给它奖励。每剪一只爪子都给它一次奖励。

4 将垫子放在美容台上，让狗狗感觉到美容台是一个安全的地方，并逐渐适应在台子上接受美容。这时给它的零食最好换成更高级的。

3 最好让狗狗在垫子上适应梳子类工具。先用梳背从狗狗背部开始训练。

让狗狗体验集体生活，身处学习的环境中

■让狗狗参加"幼儿园"

在宠物店提供的服务中，可以设置一个由训导员负责的狗狗"幼儿园"。通过参加幼儿园，能让狗狗和主人都受益。

1 体验与主人分开的经历

让狗狗与疼爱它的主人分开，可以达到精神上的成长。

2 可以向经验老到的狗狗学习

狗狗有很多肢体语言。熟练运用这些肢体语言，不论是日常遛狗还是在宠物公园里玩耍都非常重要。但是这些不是人类能够教给它们的，只能依靠幼儿园里那些前辈狗狗们。

3 进行必要的训练

如果幼儿园有足够的室外空间，比起一只一只单独教学，还可以让它们在集体活动中学习规矩及礼仪。比如唤回，这是必须教会它们的第一课。不论它是在和其他狗狗玩耍，还是在草丛里打滚，只要被叫到，就要立刻回来。再比如学习在一群狗狗中获得食物的方法，养成身体各处被抚摸也不会抗拒的性格，适应出门即戴上项圈及牵引绳的规矩等。

4 与训犬师建立联系，遇到麻烦可以立刻咨询

5 避免运动不足，消耗过剩的精力

缺乏运动是狗狗做出令人困扰的行为的原因之一。

6 正确控制身体

如果幼儿园建在户外场地，狗狗们就可以在那里尽情奔跑了。事实上，有很多狗狗不懂得如何正确控制自己的身体，比如如何全力奔跑、如何保持平衡等。参加幼儿园能让它们更好地练习四肢配合，更好地奔跑。当然，肌肉也会更有力。

7 和大型犬相处

幼儿园里会有性格温和的大型犬来上课，小型犬通过和大型犬一起生活，可以认识到就算体型不一样，也可以一起玩耍。

8 习惯狗窝，适应休息和玩耍两种模式

和人类的幼儿园一样，狗狗的幼儿园也设有午休时间，可以让狗狗适应休息和玩耍两种模式之间的切换。午休时在狗窝里睡觉，其他时间就可以玩耍。通过这样的方式让它们学习切换不同的模式。

幼儿园一般只接收幼犬，大型犬不超过6个月，小型犬不超过1岁。由训犬师通过咨询及"试入园"进行具体的判断。

那么为什么只接收幼犬呢？因为幼犬接触人和其他狗的经验较少，更容易融入集体，适应环境。每周来幼儿园的狗狗基本都是固定的，为了避免新来的狗狗在融入集体时发生过多问题，同时也为了让其他狗狗更好地适应，因此一般只选择幼犬。并且，幼犬是最需要参加幼儿园的。

不过，如果是从幼犬时期就入园学习的狗狗，长大之后也是可以继续留在幼儿园里的，并且可以作为资深前辈受到爱戴。

能使狗狗身心都保持健康

● 在集体中接受训练。学习如何在集体中获得零食。

● 如果幼儿园开在室内，则可以学习获得零食的方法。

● 狗狗通过与同伴玩耍，学会交流。

● 不同体型的狗狗互相玩耍，学会控制力度。

● 室内的幼儿园可以通过跑步机来锻炼肌肉。

● 通过有趣的室内游戏，激活狗狗的大脑。

● 平衡球可以强化核心肌群，训练狗狗保持平衡的正确方式。

注意！

如何经营一家狗狗幼儿园

安全性是重中之重。狗狗会不会逃跑、能不能和其他狗友好相处、不同体型犬种的需求、选择做什么样的游戏等，在开设狗狗幼儿园之前，必须将上述内容考虑周全。

另外，和宠物主人之间的沟通也很重要。需要经常给主人写记录或发送照片、视频，让主人们放心。

狗狗幼儿园并不能交由狗狗主导，要一直以人为中心。在人的主导下，让狗狗与同类进行游戏，由此互相学习。这才是"幼儿园"应有的模式。

依靠视觉交流，看懂狗狗的"安定讯号"及"压力讯号"

■防止冲突的"安定讯号"

与生活在野外的狼一样，狗狗也有着避免与对方冲突的社交技能。这是一种包含紧张信号在内的"安定讯号（calming signal）"。这一理论由挪威的训犬师吐蕊鲁格斯（Turid Rugaas）及其团队研究发表。

不论是与人的冲突还是与狗的冲突，犬类都会极力避免。当它们感到压力或紧张时，会通过释放安定讯号的方式让自己冷静下来。此外，也可以通过这种方式向对方传达安全感，表现出友好的态度。

狗狗不会说话，它们通过肢体语言进行交流。但是，在日常生活中我们经常忽略它们发出的信号。如果想要理解它们，与它们友好相处、顺畅交流，首先要仔细观察它们，使用和它们一样的信号进行沟通，这是十分重要的。尤其是在进行训练的时候非常有效。

🐾改变脸或身体的朝向

狗狗将脸扭向一侧，或将身体朝向一侧或后方，都是在向对方表达"冷静一点""别这样"的信号。这样的信号有时候是细微的动作，有时则十分明显。

🐾移开视线

当被人紧紧盯着或被镜头锁定的时候，狗狗会移开视线或者趴下。这是它在表达"害怕"以及"和平相处"的信号。

🐾缓慢踱步或缓慢移动

这是试图让对方平静下来的动作。有时当人们烦躁不安或语气尖锐的时候，狗狗会慢慢开始走动。有时也是表达"我要从你身边过去了，不要害怕"的意思。

🐾转圈走路

面对从正面走来的狗，狗狗之间会彼此绕一个圈走过。这是一种友好的举动。一边释放"别害怕，没事的"的信号，一边接近对方。这对人同样适用。

🐾挤进二者之间

有时候狗狗会挤进人或者狗之间，通常是在二者距离过近且关系紧张的时候。狗狗通过挤进二者之间来缓和气氛，这比拉拽其中一方要聪明得多。

🐾做出像小狗一样的行为

有时候狗狗会做出一些像小狗一样的行为，比如舔脸、舔对方的嘴巴或者抬起一侧前肢等。这是为了让自己看起来更幼小，从而让对方放松下来。

🐾邀请玩耍的姿势

将前半身贴在地上并抬起腰，这是狗狗在邀请对方一起玩耍。如果它保持这个姿势不动，则是在观察对方的反应。

🐾不停地嗅气味

在很多情况下，狗狗会不停地东闻西嗅，直到它闻到了足够令自己感到安心的气味为止。这也是向对方表达不安的信号。

🐾僵住

在其他狗狗接近的时候，狗狗有时会保持身体静止，让前来的狗狗嗅闻自己的气味。这种信号意味着"我不可怕"。有时狗狗也会因为主人充满怒气的大声指令而僵住。

▲左侧的狗咬着绳子做出了趴伏的姿势。这是在向对方表达"冷静一点"的信号。

🐾 舔鼻子

如果主人或其他人在周围急躁不安或到处忙乱，狗狗会通过这个动作试图让对方冷静下来。

🐾 打哈欠

这个信号人也可以模仿。在紧张的局面中、在被主人紧紧抱住或僵住的时候打哈欠，都是试图让对方平静下来的信号。

🐾 摇尾巴

狗狗不仅会在开心快乐的时候摇尾巴，也会在想要让对方冷静，或处于戒备状态，以及想要彰显自身的时候摇尾巴。但是不同情况下摇尾巴的幅度和高度会不相同。

🐾 坐下

如果狗狗背对着你坐下，或是在其他狗接近时坐下，这是狗狗对于主人的怒气或接近它的狗狗感到紧张或不安的一种表现。

🐾 趴下

当狗狗趴下时，是在给对方传达"冷静一点"的信号。这是一种很强烈的信号。

■注意狗狗由于压力而产生的身体变化

让狗狗感到压力的原因有很多，例如人或其他狗的威胁、攻击，牵引绳被过度拉拽，训练及日常生活中的过度要求，幼年时期过大的运动量，缺乏运动，饥饿、缺乏饮用水，想排泄却不能，过热、过冷，身体的疼痛或疾病，过大的噪声，孤独或与其他狗过度玩耍，无法放松的环境等。

持续承受高压的狗容易患上胃部、心脏的疾病，且容易过敏。此外，也更容易进入防御姿态。

不论是人还是狗，承受压力后需要几天的时间才能使压力水平、胃酸以及防御机制恢复到正常水平。

＜压力讯号＞

狗狗承受压力时释放的信号有：反应过度、不停啃咬或舔舐自己的身体、咬东西、吠叫、低吼、长啸、拉稀、发抖、脱毛、身体抽搐、没有食欲、排泄次数比平常多、凝视光源、神经质的行为、具有攻击性、不断移动等。

狗狗的3种情感表现

狗狗通过肢体语言可以表达出"兴奋""愤怒""不安"3种情感。这3种情感的表现有共通之处，也有明显的区别。我们在观察时需要根据狗狗全身各个部位表现出的肢体语言来理解区分。

1 兴奋

狗狗的兴奋情绪有"开心""感到有趣""期待"，也包括一些含有攻击性的兴奋，最明显的信号是摇摆尾巴的方式。狗狗在开心的时候，或对人和其他狗表现友好的时候，会将尾巴大幅度左右摇摆。如果狗狗的尾巴轻微上翘且小幅度摆动，则代表着它正处于高度戒备的兴奋状态。其他表示兴奋的信号还包括：大口喘气、坐立不安、不断重复相同动作等。

2 愤怒、威慑

对自己很有自信的狗狗在采取敌对行动时会表现出威慑的态度，将头部及尾部抬高、龇牙、低声吼叫、尾巴小幅度摆动。

3 不安、恐惧

狗狗感到不安时会将耳朵向后倒、两腿夹住尾巴、低头或下压腰部，有时还会咧开嘴角露出后牙。狗狗感到恐惧时发出的叫声有着特殊的起伏，人类能很容易分辨出来。有些狗狗在害怕时不想攻击，而是想要离开，这时它也可能出于戒备拼命吠叫。

提升观察力，读懂狗狗不同部位的情绪表达

眼睛

- 眼睛睁大并露出眼白（不安、恐惧）
- 眼睛睁大（愤怒、紧张）
- 眼部平和（放松）

头部

- 低头（不安）
- 尽可能抬高（有攻击性、紧张）
- 向一侧歪头（感兴趣）
- 趴下将头搭在前肢上（放松）

鼻子

- 皱起（有攻击性）

额头

- 皱起（不安、紧张）
- 绷紧（紧张、恐惧）

胡须

- 摇晃（兴奋、不安）

耳朵

- 向前（兴奋、紧张）
- 自然状态（放松）
- 向后（恐惧）
- 皱起（不安）

嘴巴

- 咧嘴（恐惧）
- 噘嘴（有攻击性）
- 嘴唇掀起露出牙齿（愤怒）
- 鼓起下巴（有攻击性）
- 嘴巴紧闭（不安、紧张）
- 呼吸急促（需要结合其他身体部位一同观察）（不安）

要点

狗狗的情绪并不是通过单一部位，
而是通过全身来表达的

姿势

- 伏低（恐惧）
- 前倾（有攻击性、紧张）
- 前肢步幅大且低下头（有攻击性）
- 仰躺露出肚子（放松）

尾巴

- 夹在后肢之间（恐惧）
- 在后肢之间摆动（不安）
- 只有尾巴尖摆动（恐惧、有攻击性）
- 尾巴不抬高并缓慢摆动（有攻击性）
- 尾巴卷起来且快速摆动（友好）
- 尾巴一边转一边摆动（友好）
- 调动全身摇尾巴（兴奋）

爪子

- 站立时指（趾）尖用力（紧张、有攻击性）
- 爪子卷起（不安）
- 单脚抬起（紧张）

被毛

- 背上的毛竖起（恐惧、有攻击性）
- 全身的毛炸开（有攻击性）
- 尾部的毛炸开（有攻击性）

宠物店要兼顾主人与狗狗的情绪

■接待初次来店的顾客及老年顾客、老年犬的方法

顾客通常会先通过网络等途径寻找宠物店，然后电话咨询，在获得满意的基本信息之后才会预约上门。

顾客如果是第一次来店里，心中一定会有所不安：宠物美容师是什么样的人？会不会精心护理我家的狗？而一同前来的宠物狗也是一样，对于第一次涉足的地方会感受到压力。

即使顾客心中仅有一点点不安，宠物店也应该尽可能消除他们的顾虑。首先，美容师应该细心地接待顾客。如果有座位就请顾客坐下来，询问一些宠物店需要了解的基本信息。此外，还应该详细地询问关于狗狗的信息，包括狗狗今天的身体状况、吃了什么食物、既往病史等。这个过程会长达15分钟甚至30分钟。但是，掌握的信息越多，在出现意外情况的时候越能更好地做出应对。

此外，如今老年人群体不断增加，老年犬的数量也越来越多。对宠物店来说，如何接待年迈的狗狗和高龄的饲主，都是值得注意的。

最重要的是换位思考、珍视生命。而且高龄饲主与高龄犬之间的情感是不同的。主人希望年迈的宠物犬能比自己长寿，希望它保持健康，有足够的食物和保健品，有好的生活环境和生活习惯等。主人对狗的关心，总是会不由自主地以一种自我的方式展现出来。高龄宠物犬自己则希望"狗就要用狗的方式生活"，以及"平静地接受死亡"。

如今是一个社会需求及思考方式不断变化的时代，今后的宠物店需要同时关注到饲主及宠物犬两方面的需求和感受，特别是心理层面的关注。宠物店也可以尝试与疗愈师、咨询师等其他行业建立合作关系。

要点

接收宠物犬后确认狗狗全身的信息，
再小的细节也不能放过

■倾听时的态度

宠物美容师与顾客沟通的时候，看着对方的眼睛是最基本的一件事。可以通过以下四点提升倾听能力。

- 有意识地对顾客所说的话表示出兴趣。
- 养成总结对方讲述内容的习惯。
- 倾听时看着对方的眼睛。
- 倾听时一定要做笔记。

只要注意以上几点，就能让整个沟通过程变得顺畅。

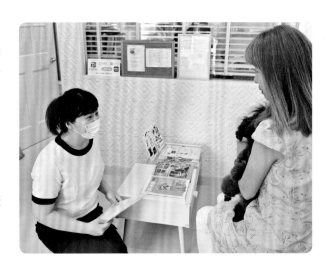

■检查身体

身体检查是宠物店后期进行护理美容的基础。检查身体的时间应该控制在10分钟以内。接触狗狗时要轻柔，不要让它感受到压力。将检查中发现的问题详细地告诉主人。如果出现需要去看宠物医生的问题，建议主人去宠物医院。

全面检查狗狗身体

眼睛 观察是否发亮，检查瞳孔（观察双眼瞳孔收缩反应，如果反应迟缓说明自主神经异常。另外，如果眼底闪闪发光有可能是视网膜异常）。如果分泌出黄绿色的眼屎有可能是发烧了。

嘴　检查牙列，以及是否有牙垢、牙结石等（口腔内的污垢有可能引起心脏病。想要去除牙结石最好去专门的牙科）。

耳朵 尽量不要拔除耳毛。垂耳犬种另当别论。

鼻子 检查是否湿润，以及鼻涕的颜色。

头部 检查头部是否有肿块。

皮肤 检查有无红肿、油腻、跳蚤、螨虫等。

胸部 检查左胸是否有杂音（心脏）。

背部 检查背部是否拱起，如果拱起说明有异常情况。

腹部 不论雌犬还是雄犬，都应该检查是否有乳腺肿块。检查肚脐。

四肢 检查肌肉状态、肩部、膝关节、股关节。

尾部 断尾犬种尾部较弱，检查时不要过度用力。注意尾部也有穴位。

肛门 检查是否有会阴疝（多为雄犬），检查肛门腺液的量。

外阴、阴茎 如果阴茎前端有黄绿色分泌物说明有细菌感染，有时也是膀胱结石的表现。

※还需观察呼吸频率与舌头的颜色。

当狗狗主人怀着期待与不安来接狗狗时，宠物店要详细说明狗狗的情况

■体念狗狗主人的心情

在主人来接狗时，除了期待看到变得干净漂亮的爱犬之外，也会隐隐担心自家狗狗这一天乖不乖，有没有调皮等。

在将狗狗交给顾客时，宠物店需要详尽地说明狗狗的情况，包括检查的项目，提出相应的建议等，为顾客分忧。

当美容师在美容过程中察觉到了异常，或是出现了主人事先没有交代过的情况时，如果能与主人取得联系则立刻联系告知，如果不能则在主人接狗时仔细说明当时的状况。有些时候，事后才进行说明可能会引起纠纷。

最重要的是站在主人的角度，诚心诚意为主人着想。

要点

微笑着对顾客说"谢谢"，
提高待人接客的能力

■充分利用社交平台

　　现在人们最常使用的是互联网上的社交平台。宠物店不仅需要建立店铺的主页，而且要通过其他网络平台来宣传自己。使用这些网络平台可能或多或少会花费一些精力，但是可以达到迅速宣传推广的目的。

　　结账时可以使用扫码支付，无需收银机付现。

不论从事哪种职业都需要"倾听能力"

回应	用点头等方式回应对方。
眼神接触	关键时刻一定要注视着对方的眼睛。
笑容	发自内心地微笑。
接受	尽量不要使用诸如"可是""但是"等否定词汇，要先使用"确实"等说法认同对方的意见。
重复	通过"您的意思是×××××对吧"等说法，总结并重复对方叙述的重点。
推进语	用"然后呢""后来怎么样了"等方式鼓励对方继续说下去。
身体姿势	双手抱肘的姿势代表拒绝，需要注意。倾听时将身体稍稍倾向对方。
同步	配合对方说话的语速与音量。

如果接到客人投诉应该怎么办

● 首先要保持冷静

　　最不可取的就是手足无措、哑口无言或是急于辩解。如果失去冷静，就无法正确判断对方的需求，从而无法做出适当的回应。首先深呼吸，保持冷静。

● 仔细倾听顾客的话，理解顾客想要什么样的回应

　　客人的投诉一定不会是空穴来风。倾听时不要站在宠物店的立场上，而是从顾客的角度体会顾客的不满，从而理解顾客想要宠物店做出什么样的回应。

● 如果是由于宠物店的失误，要诚心道歉

　　一句话到底只是嘴上说说还是诚心诚意，其实很容易分辨出来。在诚心道歉的同时，还要对对方表示感谢，是对方的反馈让宠物店注意到了自身的不足。

工具使用技巧 1

针梳
梳子末端不要触及皮肤，
沿着毛发生长的方向从内向外梳

基础护理

■针梳是长毛犬种护理时的必需品

针梳是给长毛犬种，如约克夏梗犬、赛级贵宾犬、美国可卡犬、澳大利亚丝毛梗梳毛时必不可少的工具。

选择针梳时，日常梳毛时使用较软的针梳，吹毛时要选择较硬的针梳。

梳毛前先确认毛发的打结情况，如果有毛结需要一点点仔细开结。

要点

双手配合针梳解开毛结

1、2 如果狗的毛很长，需要使用针梳来梳毛，并检查是否有打结的部位。

3、4 如果有缠在一起或打结的毛发，一定要双手配合一点点解开毛结。

◀ 不同种类的针梳

注意！

鬃毛刷

鬃毛刷通常用于梳毛，而不是用于开结。同时，也可以在遛狗之后用于清理毛发上的脏污。

鬃毛刷对雪纳瑞犬或刚毛猎狐梗犬等犬种来说是必不可少的，也可以用在短毛犬种身上。鬃毛上有天然油脂，使用鬃毛刷梳毛就可以让狗狗的被毛富有光泽。使用适当的力度梳毛，还可以起到按摩皮肤的作用。

排梳
排梳是修剪的必需品，会影响最终的修剪效果

基础护理

■选择重量较轻的排梳

　　排梳对宠物美容师来说是必不可少的工具。给贵宾犬等犬种做造型时，想要修剪出蓬松或者顺滑的毛发，就必须使用排梳。排梳的使用方法会影响到最终的造型。

　　排梳有多种不同的长度，需要根据不同用途选择不同的型号。就算同为贵宾犬，也分为玩具贵宾、标准贵宾等，排梳的型号要根据狗的体型、修剪的部位以及毛量进行选择。

　　排梳的梳齿有疏密之分。首先用梳齿较稀疏的排梳梳通毛发，接下来用密齿梳进一步梳理。另外，排梳有时也可以像尖尾梳一样用于给毛发分缝。

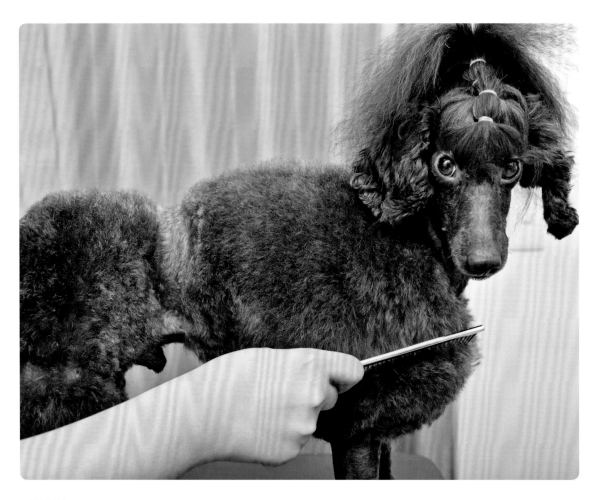

将排梳垂直于皮肤进行梳毛

1 对于贵宾犬这类立毛犬种来说，梳毛时要将排梳垂直于皮肤插入毛中。

4 梳理爪子上的毛时，梳子也要与皮肤垂直。

2 梳理身子两侧的毛时，梳子也要与皮肤垂直。

5 在给头部做蓬松造型时，使用梳子一端的梳齿拉动毛发。

3 梳理尾部的毛时，梳子也要与皮肤垂直。

6 做好基本造型后，用梳子一点一点整理毛发。

注意！

开结

　　毛发打结的程度不同，需要采取不同的开结方法。通常来说，使用排梳或钉耙梳梳毛遇到阻碍时，首先用手疏解毛结，随后用梳齿开结。或者使用如图所示开结专用的工具。开结梳分为软齿与硬齿两种，开结时首先考虑使用软齿。

钉耙梳
力度要轻，避免划伤狗狗皮肤

基础护理

■用自己的手背确认合适的力度

　　钉耙梳的梳齿弯曲，有软硬两种规格，大小种类十分多样。最好根据使用的位置及狗狗的不同体型事先准备好需要的型号。大的钉耙梳用于身体，小的适合用在面部及四肢。

　　钉耙梳很尖锐，使用时最需要注意的是不要用力过度。如果过于用力，很容易伤到狗狗的皮肤，狗狗可能会因为疼痛而抗拒美容。因此使用时随时要注意好力度。

　　如下图所示，在使用钉耙梳之前，可以通过自己的手背来确认合适的力度。

　　此外，钉耙梳的握法与握笔相似。握住钉耙梳时不要用力，最好是遇到毛结时会拽不住梳子的力度。

根据不同的毛量和部位，选择不同的钉耙梳

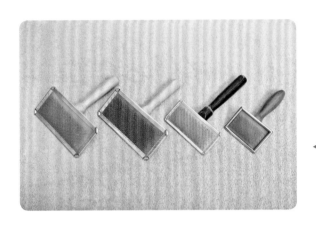

◀最好事先准备多个不同型号的钉耙梳。不同的部位使用不同型号的梳子，可以让梳理工作更加顺利。

1 首先将毛量多的部位分成若干个小区域，而不是直接用钉耙梳开始梳毛。

4 面部使用小号的钉耙梳，梳理时注意避开眼睛。

2 用钉耙梳逐个梳理每个小区域。

5 梳毛时避免伤到鼻子及嘴周围的皮肤。

3 脚腕处的一圈毛也要分成若干部分进行梳理。

注意！

对于雪纳瑞犬等需要拔毛或梳理下层绒毛的犬种，整理毛发时要使用小号的钉耙梳。

幼犬的发育阶段

犬类与人类一样，具有丰富的性格及行为习惯。犬类的性格及行为习惯具有品种特异性，受到遗传基因的先天要素影响，同时也与幼犬的成长环境、主人的饲养方式等后天要素有着紧密的联系。

尤其是12周之前这一发育阶段的经历会对狗的行为及性格产生极大的影响。这一时期受到的心理创伤，会对狗一生的行为造成很大的影响。

出生前期——出生前63天~出生后0天

出生前母犬的生活环境是否安稳十分重要。如果母体一直处于压力的刺激下，生出的幼犬会容易不安且攻击性较强，幼犬神经系统的发育也会受到影响。

新生儿期——出生后0~12天

这一时期的小狗，如果脱离了母犬或兄弟姐妹，从窝里移出到冰冷的地面上，就会通过叫声来表达自己的痛苦。母犬听到这种叫声后会将幼犬带回自己的身边。在幼犬出生5天以后，这种行为会逐渐减少。在这个时期，幼犬已经学会发出"打哈欠"这一安定讯号了。

过渡期——出生后12~21天

狗狗的神经系统、运动系统、感觉器官在这一阶段会迅速发育。它们会在出生后12~14天睁开眼睛，1周左右后耳道会张开。这一阶段，幼犬的活动水平会提高，可以感知到更大的世界。

社会化期——出生后3~12周

这是一个十分重要的阶段，幼犬会感受到各种不同的刺激，积累丰富的经验。狗狗不仅会学会同类之间适应彼此，也能学会适应猫及其他动物、人类、周边环境等。

想要让狗狗良好地完成"社会化"，秘诀在于让狗狗第一次触摸、看到以及去到的地方都让它觉得有趣。此外，不同犬种具有不同的特点，重要的是尽快让幼犬积累与其他幼犬相处的经验。

幼龄期——出生后12周~性成熟（出生后6~9个月）

幼犬出生12周后就进入了幼龄期，它的好奇心会逐渐被戒备心与恐惧心取代。出生5个月后，小狗才会主动尝试接近未知的物和人。但幼犬对于全新的刺激比较有防御性，需要更长的时间才能接近。等到幼犬性成熟时，则会表现出反抗的态度。

社会成熟期——性成熟~

即使达到性成熟，也还需要2~3年的时间才能达到行为成熟和社会成熟。心理和身体发育速度因狗的大小而异，大型犬一般发育得更慢。重要的是给予它们爱并教会它们遵守规则。

第2章

护理技巧和清洁技巧

耳部护理
先检查耳道内的状况，然后选择相应的护理方式

基础护理

■学会清理狗狗耳朵的正确方法

耳道是狗狗美容时必须检查的部位。一般来说，不要轻易拔掉耳朵中的毛。尤其是在狗狗耳道红肿时，说明有过敏现象，这时将耳朵外部能够看到的耳毛修剪干净即可。另外，有些犬种在耳道状况不好时，耳毛有过度生长的倾向。

注意不要让外耳道炎恶化为内耳炎。引起外耳道炎的原因有很多，主要是细菌、真菌、寄生虫、过敏反应等。此外，也有因为洗澡或玩水后耳朵内残留过多水分而引起的外耳道炎。

有些外耳道炎甚至是由于清理耳道时用力过度等错误操作引起的。有些犬种天生就容易患外耳道炎，比如耳毛茂盛的犬种、垂耳犬种、脂肪体质的犬种，都需要特别注意。如果不及时治疗，外耳道周围的皮肤会变厚，甚至堵塞耳道，引起内耳炎及中耳炎等并发症。

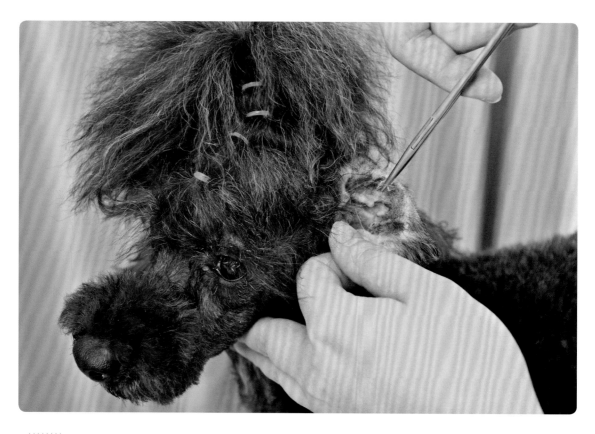

洗澡后要特别留意耳道中残留的水分

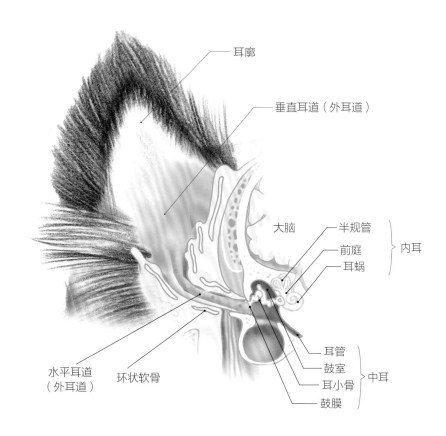

耳廓

垂直耳道（外耳道）

大脑　　半规管

前庭　　　　内耳
耳蜗

水平耳道
（外耳道）　　环状软骨

耳管
鼓室　　中耳
耳小骨
鼓膜

1 用耳毛剪将肉眼可见的耳毛修剪整齐。

2 用棉片裹住止血钳，用耳道清洁液打湿棉片。

3 止血钳不会在垂直耳道中拐弯，所以可以直接伸到不能再深入的位置。将耳道内的所有位置，包括凸起位置都仔细地轻轻擦拭。

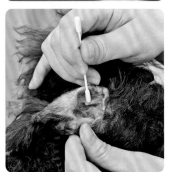

4 使用棉签清理，注意不要将棉签伸入耳道，只用于清理肉眼可见的范围。

指甲护理
剪指甲时沿着断面的角度一点点修剪

基础护理

■不要过长，也不要过短

剪指甲是宠物美容店最常接到的委托之一，有些主人甚至会说"只给它剪个指甲就可以了"。犬类的指甲有白色、棕色、黑色几种。在给狗剪指甲时需要一些耐心，不然很容易剪出血。

最需要注意的是指甲剪到多长合适。狗的指甲中有血管，剪指甲时不能剪到血管。如果不小心剪出血，要使用止血剂止血（这时不能再使用指甲锉）。

剪指甲的秘诀在于，不断沿着断面的角度一点点向前剪，最后再用指甲锉将棱角磨平。

另一个技巧是不让狗狗看到指甲剪。但有时候，一些狗狗会因为不知道你在对它做什么而感到不安，这时，可以改为正对着它的姿势。

腊肠犬等四肢较短的犬种，可以让它坐下来剪指甲，这样剪起来比较容易。另外，在给柴犬等品种剪指甲的时候，不要离它太近，最好保持一定距离。

为了让主人在家也能给狗剪指甲，宠物店需要提供相关的教学服务，指导主人如何在家里练习给狗剪指甲。

要点

根据指甲生长的方向，
从指甲上方开始剪

◀ 铡刀式指甲剪 ▶ ◀ 钳式指甲剪 ▶

铡刀式指甲剪是最常用的一种指甲剪。在剪断指甲的瞬间会产生较大的冲力，很多狗都不喜欢这种感觉。也有一种从侧面张开的型号，适用于指甲弧度较弯的犬种及猫类。

使用钳式指甲剪可以轻松地将指甲剪断。适用于指甲较粗的犬种。剪指甲时，刀刃不会挡住视线，可以看得比较清楚。

◀ 保持稳定的方法 ▶

1 给前肢剪指甲时，用肘部轻轻压住狗狗的肩部，让狗狗保持看不到自己前爪的姿势。

2 给后肢剪指甲时，用肘部轻轻压住狗狗的身体。将后肢向后抬起再剪。

3 如果狗狗因为不知道你在对它做什么而感到不安，那就转为正对着它的姿势，以消除它的焦虑。

4 也可以让狗狗仰躺在你的两腿之间，从上方剪指甲。

如果狗狗始终都不愿意剪指甲，可以尝试电动指甲锉。电动指甲锉使用方便，只需要贴在指甲的断面上即可，不会给狗狗增加压力。

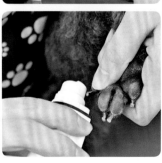

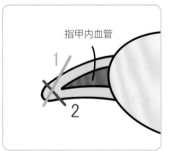

指甲内血管

狗的指甲是从上向下弯曲生长的，剪指甲时先从上方顺着生长方向剪，然后根据断面角度逆着生长方向剪。

口腔护理
给狗狗刷牙的正确方法

基础护理

■ 牙龈出现红肿就是牙龈炎？

　　狗狗每天都需要主人帮忙刷牙。不过即使每天刷牙，也不能彻底清除牙垢和牙结石。有些经验丰富的美容师会用钳子等工具去除牙结石，但仅仅是把牙结石取下来，并不能达到护理的目的。过一段时间又会形成新的牙结石。

　　去除牙结石最安全的方法就是去动物医院（最好是口腔专科），在镇静或麻醉的条件下进行。因为就算将所有能看见的地方都清理干净，牙齿与牙齿之间、牙齿的背面以及牙周袋还是清洁不到。这些关键区域的清洁最好不要随便操作，不然不仅不能改善牙周病，甚至还会弄伤一些原本健康的位置。

　　健康的口腔及牙齿几乎不会有什么异味。如果在狗狗嘴里闻到了异味，说明一定出现了问题。首先要

考虑的就是牙周病。牙周病指的是发生在牙齿周围的一系列疾病。初始阶段是牙龈炎，病情恶化后会变成牙周炎。

　　食物的残渣会附着在牙齿表面以及牙与牙龈之间的缝隙（龈沟）里，从而滋生细菌。龈沟的深度会随着症状不断恶化而加深，最终形成牙周袋。其结果就是牙龈红肿，牙垢、牙结石增多。此外，牙周病还会使血液中的氨浓度增加，对大脑、心脏、肺等器官造成严重的影响。

　　宠物店除了提供齐全的口腔护理产品供顾客选购，最好能够将给狗狗刷牙的方法仔细地告诉狗的主人，另外也要告诉主人们如何训练自己的狗，让它们愿意刷牙。

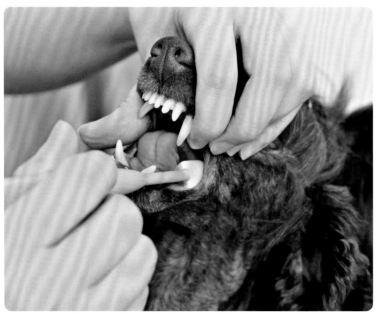

◀给狗刷牙时，不仅要清洁牙齿，还要给牙龈做按摩。注意不要用力过度，轻轻抚过即可。使用有杀菌效果或者含有乳酸菌的牙膏会更有效。

每天刷牙且定期去宠物医院检查牙齿，
能够让狗狗拥有健康的牙齿和牙龈

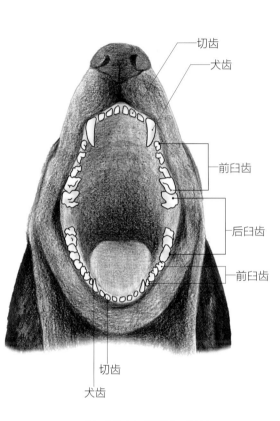

切齿

犬齿

前臼齿

后臼齿

前臼齿

切齿

犬齿

▲成年犬的恒牙数量为42颗

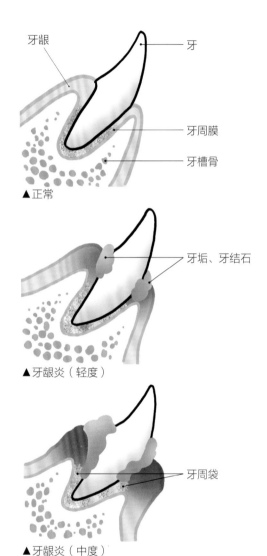

牙龈 牙

牙周膜

牙槽骨

▲正常

牙垢、牙结石

▲牙龈炎（轻度）

牙周袋

▲牙龈炎（中度）

1 给狗狗刷牙时可以选用人类儿童用的牙刷来代替犬用牙刷。注意动作一定要轻柔。

2 针对幼犬或者没有出现牙周病的狗狗，可以打湿纱布或在纱布上涂抹牙膏后使用。

泪痕护理
对于泪痕最基本的处理方式是及时擦拭干净

基础护理

■将饮食纳入泪痕形成的考虑范围

处理泪痕的方法有很多,比如将变红的毛发剪掉、涂抹专门缓解泪痕的药品等,不过要经常使用才能见到效果。

引起泪痕的原因有很多。可以考虑的相关疾病有结膜炎、角膜炎或角膜溃疡、干眼症、眼睑内翻症或眼睑外翻症、流泪症、睑板腺梗塞等。如果发现自己的狗狗经常流眼泪,最好带它去动物医院进行检查。

有时泪管堵塞也会产生泪痕,这种情况需要去动物医院进行泪道冲洗。

狗狗日常的饮食也可能会影响泪痕的产生。如果选用的食材较差,不好消化吸收,会导致有害物质在体内堆积。如果没有摄取足够的水分,也会无法彻底运输养分、分解废物、释放热量,最终会对身体器官造成不良影响。

因此要尽可能选择营养均衡的食品或保健品,促进调整肠内环境,并摄取充足的水分。通过这样的方式也有可能改善泪痕状况。我们应该从体内及体外两个方面全面考虑泪痕形成的原因。

使用泪痕专用眼膜

产生泪痕的位置容易滋生细菌，
因此需要使用具有除菌作用的护理方法

注意！

1 如果发现狗狗流眼泪了，要及时用干净的纸巾或棉片擦拭干净。这是最有效的方法。

2 如果泪痕结痂了，使用跳蚤梳一点点梳开。然后将残留物擦干净。

注意！

泪痕的处理方法

　　眼泪流经的位置会变成红棕色，因为眼泪会滋生细菌，皮肤表面的常住菌群会让蛋白质变质，造成变色。因此我们需要在擦拭的同时进行杀菌工作。将臭氧制成的有杀菌效果的泡沫敷在泪管附近，也可以进行轻度的按摩。随后，将泡沫擦干净或用清水清洗干净。这样的泡沫具有很好的杀菌效果，不仅可以用在泪痕的位置，还可以用在全身各处。

肛门腺护理
确认肛门腺的位置并挤压清洁，注意污物不要沾到自己身上

■小型犬需要定期检查

肛门腺（肛门囊）是位于肛门4点钟及8点钟方向的分泌器官，处于外肛门括约肌的中间。

狗在野外生活时，为了标记自己的领地，会使用肛门腺来留下气味。这是犬类的祖先遗传下来的器官，对于生活在现代的狗狗们来说，已经没有太多作用了。

一般来说，肛门腺液会在排便时与大便一同排出。与大型犬相比，小型犬可能会出现肛门腺液排出不畅的问题。

不同犬类品种需要挤压肛门腺的频率不同，大约1个月一次，并且要彻底挤干净。此外，不同品种狗狗的肛门腺形状也有所不同，有的容易挤，有的则比较困难。

如果肛门腺液积攒过多，狗会感到异样而不断舔舐肛门部位，或将臀部拖在地上蹭。如果看到狗有这样的行为，需要尽快给它清洁肛门腺。如果置之不理，可能会导致肛门腺发炎。如果肛门腺发炎后仍不采取措施，炎症加剧，甚至会导致肛门腺破裂。

处于惊吓或兴奋状态时，中型犬及大型犬有可能自己排出腺液。但是，肛门括约肌的发育程度以及肛门腺能够储存的液体总量具有明显的个体差异，腹泻、身体不适及紧张状态也会对其造成影响。

如果狗狗的肛门腺中容易积攒腺液，最好将肛周的毛发剪短。保持肛门周围的清洁，也能够有效预防肛门腺问题。

如果狗狗反复舔舐肛门，或将臀部拖在地上蹭，需要引起主人的注意！

▶狗的肛门腺

在狗的肛门斜下方4点钟与8点钟方向，有两个能分泌并储存腺液的肛门腺。

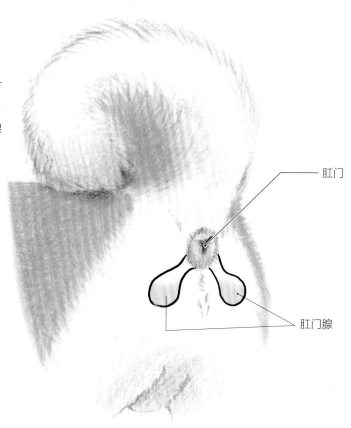

肛门

肛门腺

肛门腺炎

<原因>

肛门腺中有一个被称为顶泌汗腺的器官，含有与荷尔蒙有关的分泌液，该分泌液会在排泄或受惊吓时分泌。但是，由于年龄增大等原因，狗狗的括约肌收缩能力下降，肛门腺也没有足够的力量收缩，就会导致分泌液滞留在腺体内。

如果堆积的分泌液过多，会堵住肛门腺的导管及开口，导致肛门腺炎。此外，腹泻及软便会使肛门周围沾上污垢，引起细菌感染，这也是导致肛门腺炎的原因之一。

<症状>

肛门腺炎引起的便秘、肛门周围异样等会促使狗狗在地面磨蹭肛门部位，拖着臀部爬行，或是舔舐、啃咬肛门部位，有时也会追着自己的尾巴不停转圈。病情恶化后会引起脓疮，出现发热、食欲低下等症状，严重时甚至会导致肛门腺破裂。

形体护理
保持锻炼使狗狗形体更健美

■无论年龄大小都需要锻炼

不论人类还是犬类，锻炼都是很重要的。狗狗用来锻炼躯体力量的器械和方法有"平衡球"和"水疗法"，通过促进肌肉运动而强化躯体力量。

平衡球原本用于康复训练，例如骨关节形成不全症或膝盖骨脱臼等病症的术后康复，或者需要强化肌肉的情况等。

平衡球也可以用于狗狗的日常锻炼。以前如果想要锻炼躯体或肌肉，通常是通过游泳或者散步等方法实现。现在平衡球是一个不错的选择，可以让狗狗在取得身体平衡的过程中得到锻炼，特别是锻炼四肢及肩胛骨周围的肌肉力量。

在抓住平衡球并保持平衡的过程中，也可以提高狗狗的抓握能力，更好地运用力量，尤其适用于高龄犬。此外，对于需要参加比赛的赛事犬或参加体育项目的运动犬来说，平衡球也非常有用。

赛事犬的训练中有一种叫做"paw pods（榴莲球）"的半球形器械，球面均匀分布凸点，可以将狗狗四只脚放在上面进行训练。这对于"站姿训练"十分有效，可以大幅提升平衡感并强化核心肌肉。美国的很多赛事犬都使用这种器械进行训练。

水中畅游真快乐

■利用水的物理特性进行水疗

带狗狗去游泳不仅能够在炎热的夏季降温，而且能够起到锻炼所有肌群的作用。这种利用水的物理特性进行的运动被称为"水疗法"。

经证实，利用水的浮力、阻力及密度等物理特性，水中运动可以达到很好的锻炼效果。比起在陆地上运动，在水中运动的负荷更大。相同运动时间，水中运动的运动量是陆地运动的四倍左右。水中运动在强化肌肉的同时，还能达到塑身的效果。

此外，水中运动可以减少对关节的冲击及负担。

因此有关节问题的狗狗也可以进行水疗。水中运动还能够刺激平时不太会用到的肌群，达到预防或改善骨关节形成不全症、膝盖骨脱臼等关节病的效果。

水的密度比空气大，那些在陆地上无法站立的狗，在水中也可以站起来。因此水疗可以帮助行走困难的狗狗进行康复训练。

人类通过水疗可以有效强化循环系统和呼吸系统，并激活大脑。很多人认为犬类水疗也能达到同样的效果。

资料来源：日本犬类水疗协会

整体护理
全面护理狗狗的身心健康

■整体护理（Holistic care）

"整体护理"指的是全身疗法，不仅限于出现症状的疾病位置，而是综合考虑造成疾病的原因、体质及环境等多个方面，综合治疗疾病。

我们将现代常规西医外无法涵盖的治疗方法称为"补充和替代疗法"，其中包括中医的针灸、中国传统藏医学、阿育吠陀疗法、冥想、音乐疗法、芳香疗法、素食食疗、推拿按摩、水晶能量疗法等。

人类使用的医疗思维，对于犬类也同样适用。一直以来都依靠自身的自愈力与疾病作斗争的犬类，应该比人类更需要整体护理。那么给犬类进行的整体护理包括哪些呢？

★针灸

★中药、药膳

★顺势疗法

★推拿按摩

★tellington t touch（特灵顿触摸）

★芳香疗法

★水晶疗法

★药用香草

★音叉疗法等

以上护理方法既包含必须要取得执照才能从事的内容，也有只要学习掌握就能进行治疗的内容。如果宠物美容师能够掌握上述内容中的几个技能，并在店里实际投入使用，就可以给店里增加新的服务项目了。

◀ 药用香草指的是有药效的香草或草药，种类有数百种之多。使用时要结合狗狗的具体症状和状态进行选择，然后让狗食用。

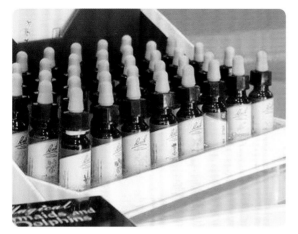

■芳香疗法

芳香疗法利用的是花草对精神层面的影响。一些疾病的真正原因在于不安和焦虑引起的压力，这种压力有负面影响，可能导致疾病。狗生活在人类社会，会遭受各种压力，有时也会受到来自主人的负面影响。

利用鲜花精油可以调整由压力造成的紊乱，让身体恢复健康。芳香疗法可以从根本上消除狗狗因为情感障碍及不良行为或疾病造成的不安感，在安心的氛围中对心理及身体发挥作用。

■水晶疗法

水晶疗法是利用地球自然产出的各种矿物进行疗愈的方法。拥有能够调整身体内部平衡的能量的矿物被称为"水晶""能量石"或"宝石"。很多人相信矿石的功效，并将它们做成项链、手镯等饰品佩戴在身上。

进行水晶疗法时，将拥有能量（波动）的矿石放在身体周围，利用矿石进行能量调整。奇妙的是，这种方法似乎确实对犬类有效。通过疗愈狗狗，狗狗主人也会得到治愈。

■推拿按摩

推拿按摩是通过按压等手法对肌肉、肌腱、关节等进行疗愈的方法。此外还有"Tellington T Touch（特灵顿触摸）"，通过触摸刺激皮肤及皮下组织达到疗愈的效果，以及"In touch massage（触摸式按摩）"，通过温柔地抚摸身体或用矿石抚摸身体来散发能量。

不论是哪种方法，都需要事先对犬类的骨骼、肌肉及淋巴结构进行充分的了解。

资料来源：日本动物心灵治疗协会

正确认识狗狗皮肤的结构与特性

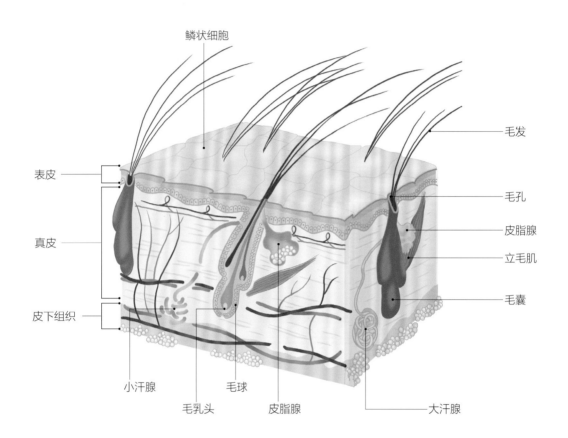

鳞状细胞

毛发

表皮

毛孔

皮脂腺

真皮

立毛肌

毛囊

皮下组织

小汗腺　　　毛球

毛乳头　　皮脂腺　　　大汗腺

■皮肤是保护身体的重要器官

　　皮肤覆盖在身体表面，能够抵挡来自外部的各种刺激，是保护身体的重要器官。皮肤由表皮、真皮、皮下组织及其附属器官构成。

　　表皮是皮肤最外侧的部分，共分为4层，分别是基底层、有棘层、颗粒层及角质层。表皮最底部的基底层生成的细胞会不断向上朝着皮肤表面移动，最终从身体上脱落。如果皮肤出现异常，从身体上脱落的表皮细胞呈肉眼可见的片状，被称为"皮屑"。

　　表皮最外侧的角质层是由死去的细胞组成的。

虽然这些细胞已经死亡，但在细胞内部及周围仍存在一种被称为天然保湿因子（ＮＭＦ，即natural moisture factor）的保湿成分。这些成分能够保持一定的水分，维持角质层的柔韧度。

　　不论是狗、猫还是人类，都是因为有这样一层死去的细胞覆盖在身体表面，才能够抵御来自外部的各种刺激。换句话说，正是因为这些细胞已经死了，才不会对刺激产生反应，从而让皮肤表面维持稳定的状态。

狗和猫也会出汗

■狗和猫的角质层比人类更薄

犬类的皮肤很敏感。它们之所以更容易出现皮肤问题，是因为它们的角质层很薄。人类的角质层厚度在12~20层，而狗的角质层只有人类角质层的三分之一左右。因此，犬类的皮肤是更容易受到刺激的敏感肌。如果洗护时使用了清洁力过强的浴液、碱性浴液或含有硫黄类成分的产品，就会破坏保水成分，导致角质层干燥，进而引起角质层的非自然脱落或溶解。角质层变薄，会使外部刺激更容易到达颗粒层以下的部分而引发皮肤问题。

■犬类全身都分布着大汗腺

犬类也会全身出汗。身体用来分泌汗液的器官包括小汗腺和大汗腺两种。小汗腺会根据气温及体温的变化调整汗液分泌量。大汗腺会受精神状态的影响调整汗液分泌量，紧张或兴奋时汗液分泌更多，情绪平稳时则较少出汗。

人类的全身都分布着小汗腺，大汗腺只分布在眼部、鼻部、口部、乳头、肚脐、腋下、手掌、脚底等部位。而犬类全身都分布着小汗腺和大汗腺，但只有鼻子与爪垫处的小汗腺能够正常工作。而犬类全身的大汗腺都能正常分泌汗液。

大汗腺分泌的汗液与小汗腺相比，蛋白质含量更高。出汗后不久，汗液就会在空气氧化与皮肤常住菌群的共同作用下分解变质，产生异味。这就是犬类特殊体味的来源。

■皮脂膜是皮肤的保护屏障

皮脂腺分泌的皮脂中包含了脂肪酸、胆固醇、角鲨烯、蛋白质等成分。皮脂与大汗腺分泌的汗（水分）相混合，形成弱酸性（pH4.5~5.5）的皮脂膜。皮脂膜可以抑制常住菌群的繁殖，保持皮肤水分，保护皮肤健康。

皮脂膜在健康状态下呈弱酸性，但如果时间过长，会逐渐变为中性，进而变为碱性。这样的皮脂膜不仅不能抑制菌群，还会成为皮肤问题的源头。并且犬类的角质层比人类要薄很多，更容易受到常住菌群的影响。

预防狗狗皮肤问题的关键就是要保持狗狗皮肤清洁，及时去除老化的角质和皮脂膜，让皮肤处于弱酸性的健康皮脂膜的包裹之下。不过，有一点需要特别注意，虽然有些浴液标注了弱酸性，但如果产品的pH值在5.5以上，使用后皮脂膜仍然无法正常发挥作用。

▲散步或运动之后，狗狗会散发出独有的气味。

选择洗护产品的标准

■选择浴液的标准

尽量选择能够满足以下3点的洗护产品。

● 安全性：选择不会对敏感肌造成损伤的放心产品。确认成分的安全性和pH值，以及产品的生物降解性。

● 防止毛发损伤：选择不会对毛发造成损伤的放心产品。确认产品的使用成分、pH值、特殊蛋白质和保湿成分的配比。

● 改善受损毛发：选择能够修复受损毛发、让毛发恢复健康的产品。确认产品的pH值、特殊蛋白质和保湿成分的配比。

在满足以上3点的基础上，还有下列几项可供参考。

※ 造型能力：选择能够有利于修剪出目标造型的产品。确认产品中含有的被毛保护剂的成分。

※ 使用方便：选择不给美容师、主人以及狗狗造成多余负担的产品。考虑产品的起泡能力、冲洗效果以及干燥所需时间。

※ 价格及香味：选择性价比高且香味宜人的产品。

■ "起泡能力"与"清洁能力"

关于产品的起泡能力，有些人可能会认为，泡沫越多的产品清洁力越强，泡沫越少的产品清洁力越弱。事实上，起泡能力较弱的表面活性剂中也有清洁能力较强的成分。

泡沫的作用主要有以下2点。

● 吸附由表面活性剂包裹的污垢，有效防止污垢再次附着。

● 深入毛发之间，起到缓冲作用，减少摩擦。

具有丰富泡沫且易冲洗的产品对狗狗的毛发和皮肤都比较温和。

■适度的清洁力

可以根据以下3点选择不同清洁能力的浴液。

● 清洁成分（表面活性剂）的种类：决定产品的基本清洁能力以及安全性。

● 清洁成分（表面活性剂）的配比浓度：决定清洁能力与安全性之间的平衡。

配比浓度越高→清洁能力越强、安全性越弱

配比浓度越低→清洁能力越弱、安全性越强

● 产品的pH值：pH值会影响不同配方的清洁能力。

pH值高（中性～碱性）→清洁能力强、对毛发造成的损伤大

pH值低（弱酸性pH5左右）→清洁能力弱、对毛发的损伤小

■护毛素与发膜的区别

毛发专用保护产品的叫法很多，因此人们经常会疑惑，这些产品之间到底有什么区别？

● 护毛素：护毛素在浴液之后使用，可以在毛发表面形成一层被膜，让污垢不容易附着在毛发上，增加毛发光泽，预防静电等。

● 发膜：发膜是可以让受损毛发恢复健康状态的产品。但现在很多产品不再区分护毛素与发膜这两个用语了。

● Re-conditioner：这个词是在conditioner（指维持当前的状态）前面加上前缀re（表示再次，如refresh、return等）后形成的专业用语。指的是能够让毛发再次回到健康美丽状态的产品。

综上所述，这些产品的使用顺序为①浴液→②Re-conditioner/发膜→③护毛素。

在使用这些产品的过程中，注意只用在毛发部分，不要用在根部，不要与皮肤接触。如果接触到皮肤，可能会堵塞毛孔，引起皮肤问题。

了解毛发护理产品的用途、成分和安全性

■皮肤干燥的原因是缺乏保湿成分

皮肤干燥与随之而来的脱屑及瘙痒，都是由于皮肤内部缺乏水分引起的。皮肤内部的水分是由被称为天然保湿因子的保湿成分维持的，这些成分存在于表皮颗粒层及角质层中。这些保湿成分会由于不同原因而减少或被破坏，导致皮肤保水能力下降，形成干燥的肌肤。

造成保湿成分减少的最大原因就是年龄与季节。年轻时皮肤内部的保湿成分非常多，能够让皮肤保持润泽与弹性。随着年龄的增长，保湿成分会逐渐减少，最终形成缺乏水分和弹性的干巴巴的皮肤。在空气极度干燥的季节，皮肤的保水能力也会下降。另外，皂基清洁剂与中性或碱性浴液也会破坏保湿成分，造成肌肤干燥。

■解决肌肤干燥的方法是补充油脂

对于干燥的肌肤来说，最重要的就是能够锁住水分的保湿因子。

油脂类成分可以形成被膜，防止水分流失。由皮肤内部分泌出来的皮脂膜就具有这样的作用。对于年轻且皮脂分泌正常的皮肤来说，不需要另外补充油脂。不然反而会油腻，导致其他皮肤问题。对于年龄较大且皮脂分泌较少的皮肤来说，就需要补充油脂，并且要选择与皮脂成分相近的产品。

我们要认真给狗狗的毛发做护理，让狗狗的皮肤保持清洁，让皮肤一直被新鲜的弱酸性皮脂膜包裹，让皮肤的常住菌群保持合理数量。

微气泡浴和碳酸泉的作用

将狗狗放进浴缸，加入专用的酵素剂并使用专用的机器制造出微泡沫。这些泡沫可以深入毛孔，去除毛孔深处的废物。对于患有特应性皮炎或者皮脂分泌旺盛的狗狗来说，这种方法清洁效果显著。

此外，微气泡浴还具有按摩的效果。微气泡表面包裹负电荷，可以增加舒缓效果。

微气泡浴还能够加强血液循环和淋巴循环，促进新陈代谢，加快皮肤的再生以及毛发发育。因此大多数狗狗在浴缸里都会舒服得昏昏欲睡。

碳酸泉也能够达到相似的效果。

解决"换毛期掉毛"的梳毛与祛毛工作

■换毛机制

对于双层被毛犬来说，换毛期时它们的下层绒毛会成为死毛并大量脱落。虽然这些绒毛已经失去活性，但并不会立刻脱落。毛根部分（毛囊）是毛发的制造工厂，含有大量的水分并膨胀呈球状，因此健康的毛发不会轻易掉落。如果毛囊死去，就不能产生新细胞，但其中的水分不会立刻消失，所以毛发就算死亡也不会立刻脱落。此外，就算死毛由于毛囊水分丧失而脱落，有时也会被周围密密麻麻的毛发缠绕，很难脱离体表。

对于马尔济斯犬及约克夏梗犬一类的单层被毛犬来说，它们只有一层被毛，并没有所谓的换毛期。它们每天都会掉落少量的毛发，随时都有新生的毛发长出来。

长出新的被毛→发育长长→最终脱落→过一阵子又会有新的被毛长出来。对于人类来说，这种循环在不同人种之间，甚至是同一人种的不同个体之间都会有差异，但整体的平均周期为3~5年。犬类也是一样，虽然循环周期的长短不一，但是所有犬种都会有被毛的代谢。

■换毛期的解决方案

毛囊即使死亡，但只要尚未萎缩，包裹着的被毛就不会掉落。这时去除即将脱落的死毛的工作就变得十分重要了。如果不彻底去除多余的死毛，将会阻碍新细胞生成，最终导致新被毛发育困难。尤其是梗犬及雪纳瑞等刚毛犬，死毛容易与周围被毛缠绕在一起，很难自然脱落，必须进行人工去除。

虽然可以使用梳齿较密的梳子、钉耙梳、橡胶刷等工具梳掉死毛，但是这些工具无法彻底去除，而且需要很长时间。拔毛刀可以更有效拔除下层绒毛，但是可能会将上层被毛刮断。还有一种叫做祛毛梳的工具，轻轻一梳就可以去除下层脱落的绒毛，使用起来简单轻松，也不会损伤上层被毛。

梳理毛发和去除死毛能够促进新被毛的生长，是换毛期十分重要的工作。

拔毛刀

祛毛梳

要点

梳毛重要，洗澡也重要！

■选择适合换毛期使用的毛发护理剂

　　换毛期需要重视梳毛工作，并且选用专用的毛发护理剂。具体的选择标准如下。

1 选择安全性高的产品

　　毛发护理剂与浴液不同，使用后不需要用水冲洗，可以直接留在被毛表面。这些产品可能会被狗狗舔到，因此需要选择与健康的皮肤及被毛同为弱酸性，且成分足够安全的产品。

2 选择不油腻的产品

　　使用油性成分较高的产品当时可能会让被毛有光泽且梳起来顺畅，但慢慢地会使被毛油腻。被紫外线照射后，有时甚至会引起狗狗烫伤。

3 选择能够防止并去除静电的产品

　　梳毛的过程中会产生静电。在湿度较高的季节，静电产生后会立刻散入空气中。但是在秋冬季，以及初春时期，空气较为干燥，静电容易留在被毛以及皮肤上。静电会引起很多麻烦，给狗狗梳毛时最好选择能够有效去静电的产品。

■洗澡也十分重要！

　　通过洗澡可以将多余的被毛洗掉，去除附着在毛孔周围的污垢，保持清洁。并且洗澡也可以达到按摩的效果，给毛根部分以适当的刺激，激活被毛的制造工厂即毛囊部分，促进新细胞的产生和新毛的发育。

　　换毛期经常给狗洗澡可以加快新毛的发育生长，是十分重要的环节。

洗澡的目的

● 去除附着在被毛及皮肤表面的污垢，保持清洁。
● 保持被毛及皮肤的最佳状态。
● 让被毛及皮肤恢复到最佳状态。
● 为后续的修剪工作做好基础。
● 为后续的造型工作做好基础。

皮肤光滑的犬种洗澡时不要去除过多的皮脂

模特/迷你杜宾犬 maiko　　宠物店/《OLIVER》

皮肤光滑的犬种容易
因皮肤干燥或精神压
力产生皮屑，需要重
视"保湿"护理。

为了皮肤与被毛的健康，
选用具有保湿效果的浴液

■浴液的重要性

众所周知，浴液在护理中具有极其重要的作用。使用浴液能够：

● 去除死毛；

● 去除毛孔周围的污垢；

● 有按摩效果，促进激活被毛活力等。

尤其是在换毛期，经常使用浴液给狗狗洗澡可以促进新生毛发更快发育。那么如何选择合适的浴液呢？下面分享三点重要的选购技巧。

1 安全性

从清洁皮肤、预防皮肤问题、使被毛健康且漂亮等角度来看，始终让狗狗保持干净非常重要。狗和猫的皮肤很脆弱，需要选择安全性高的浴液，这样即使每天洗澡都不会出现问题。

2 弱酸性

与人类一样，狗和猫的被毛及皮肤也呈弱酸性（pH5左右）。也就是说，用于皮肤与被毛的护理产品，也需要使用同样为弱酸性的。如果使用中性或者碱性的护理产品，且没有采取正确的使用方式，会造成皮肤及被毛的损伤。

3 修复性

狗和猫的被毛与我们的毛发一样，暴露在皮肤之外的部分是由死掉的细胞组成的。在紫外线及大气污染等给被毛造成刺激，导致毛发损伤时，毛发没有自我修复的功能。因此选择宠物浴液时，需要选择含有特殊蛋白质的产品，这些成分能够帮助修复受损的毛发。

在确保以上三点的基础上，再根据清洁力的强弱、使用方法是否简单、是否适合后续造型等因素，选择合适的浴液产品。

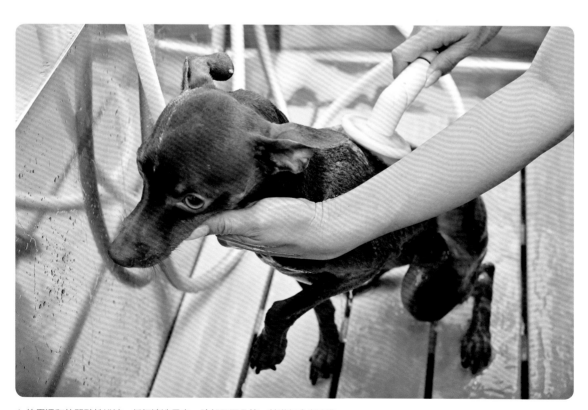

▲ 使用温和的弱酸性浴液，仔细清洗足尖、脸部及耳朵等，并进行全身冲洗。

使用浴液时，不要用力揉搓

1 用清水将身体淋湿，最后将头部淋湿。

2 提前在水盆中放入高保湿性能的浴液，并发泡。

3 将浴液泡沫从身体向头部涂抹。

4 待狗狗全身都覆有泡沫后，不要用力揉搓，而是像按摩一样轻轻揉按。

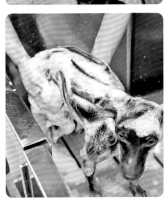

5 清洗脸部及耳朵时，轻轻用手包住头部按摩。

6 所有部位都按摩完成后，从头部开始用清水冲洗。

7 冲洗身体时，将花洒贴在狗狗皮肤上冲洗。

8 注意后肢内侧、前肢内侧及爪子上不要残留浴液泡沫。

先用毛巾仔细擦干多余的水分

1 用毛巾擦干身上的水。

2 换一条毛巾，进一步吸收残留的水分。注意不要用力揉搓。

注意！
3 喷上马匹专用的高保湿皮肤喷雾剂。

注意！
4 将喷雾剂喷在手心，涂抹狗狗全身。

注意！
5 配合橡胶刷，用吹风机吹干毛发，短毛犬或小型犬使用吹风机即可。橡胶刷能起到按摩作用，还能去除死毛。

6 脸部也使用橡胶刷梳毛。

7 用手指擦拭狗狗的指（趾）间部分。

注意！
8 最后用保湿喷雾喷洒全身，注意用手遮挡狗狗的眼部。

柴犬等双层短毛犬的清洁技巧

模特/柴犬 momo 太 宠物店/《OLIVER》

很多柴犬的主人选择将洗澡的工作交给宠物店。给柴犬洗澡时要先从让狗狗适应抚摸开始。

柴犬皮脂分泌旺盛，
浴液要选择清洁力较强的产品

1 先用钉耙梳梳一遍毛发，去掉死毛。

注意！
2 将毛发打湿。由于柴犬是双层毛品种，冲水时一定要将花洒贴在狗狗身上以充分湿透毛发。这样也可以让一些对声音敏感的狗狗保持平静。

注意！
3 给头部冲水时要从上往下冲。

4 给头部冲水时也要将花洒贴紧。

5 使用清洁力较强的浴液，充分发泡后从身体部分开始清洗。

6 让狗狗全身覆满泡沫，轻轻揉搓。

注意！
7 进一步按摩，促进浴液起泡，但不要用力搓洗。

8 指（趾）间是藏污纳垢的地方，需要好好清洗。

9 头部从头顶向口鼻处清洗，不要忘记油脂分泌旺盛的耳廓。

注意！
10 再用钉耙梳梳一遍毛发，去掉死毛。尤其是掉毛严重的狗狗要更加仔细。

1 从头部开始淋水，注意不要让水流进耳朵。冲水时要让水流从身体上方向下冲。同时要注意毛发的打结状况。

5 彻底清洗耳部的油脂。

2 第二遍使用专用的水龙头起泡器。将起泡器贴紧狗狗的身体并来回移动。这种方法也很适合那些爱咬人的狗。

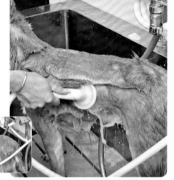

注意！

6 从头部开始用清水冲洗。让花洒紧贴狗狗的皮肤，注意不要让水流进耳朵。

3 爪子也要清洗干净。

7 爪子也要仔细冲干净。

4 如果狗狗允许触碰，清洗下颚以及嘴周围。

8 冲洗腹部、四肢内侧等部位，注意不要有任何浴液残留。

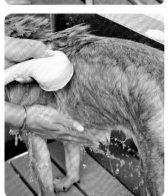

擦毛和吹干过程中及时去除掉落的毛发，减轻狗狗的负担

注意！

1 使用毛巾擦干身上的水。将免洗护毛素喷在狗狗的毛发上，注意不要喷在皮肤上。

2 接下来将护毛素喷在手上，以抚摸头部的方式涂抹均匀。

3 使用钉耙梳梳理毛发。

4 使用吹水机吹毛，直到毛发根部蓬松不再粘连为止。同时也能将死毛吹落。中毛犬和长毛犬最好使用吹水机吹毛。

5 指（趾）间也要用吹水机吹干。

注意！

6 用吹水机配合吹风机的热风挡进一步吹毛。

7 一边用吹风机吹干，一边用钉耙梳梳毛。

8 用祛毛梳进一步梳掉下层绒毛中的死毛。

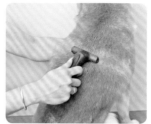

9 用专用刀片适当去除脖颈处的毛，注意不要去除太多。

10 用橡胶刷梳毛，梳掉死毛。

11 最后喷上提升毛发光泽度的喷雾。

注意！

12 口鼻部使用棉片或纸巾擦干水。

巴哥犬等双层短毛犬应选择具有护肤作用的浴液

模特/巴哥犬 buu　　宠物店/《OLIVER》

对巴哥犬这类短毛犬来说，使用碳酸泉及微气泡浴十分有效，而且具有除臭效果。

要点 1

有意识地处理异味、油脂较多的
面部褶皱及爪子部分

◀清水打湿前▶

巴哥犬的皮肤褶皱处要进行特殊护理。用浴液浸湿棉片，放入褶皱之间。放置5分钟左右，使棉片可以充分吸附污垢。

◀第一遍清洗▶

1 挤压肛门腺。

注意！
3 爪子部分油脂分泌旺盛，要仔细清洗。

2 用专用的水龙头起泡器清洗身体。浴液要选择护肤型浴液。

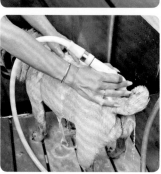

4 用浴液洗完全身后，充分冲洗干净。

第二遍清洗要轻轻按摩

注意！
1 爪子部分油脂分泌旺盛，可以直接将浴液挤在爪子上清洗。

2 仔细清洗指（趾）间。

注意！
3 将浴液挤在背上，待浴液起泡后将泡沫涂满全身。

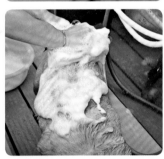

4 轻轻按摩，并清洗全身。

注意！
5 耳朵也是很容易出油的部位，要着重清洁。

6 下颚、嘴巴周围也要洗到。

注意！
7 用小巧且梳毛柔软的儿童牙刷去除面部褶皱中的污垢。

8 再用泡沫轻柔搓洗褶皱及鼻子周围。

9 冲水时从头部开始冲至全身。

注意！
10 面部的浴液可以使用吸满水的海绵来清洗。

吹干时要确认指（趾）间、皮肤褶皱处没有水分残留

1 首先用毛巾轻轻吸拭全身的水，特别注意褶皱处的水。

注意！
2 将护毛素喷在被毛上，不要喷在皮肤上。

3 用吹水机吹上下两层被毛。

4 如果狗狗愿意配合，头部及脸部也可以用吹水机吹毛。

注意！
5 吹爪子时将指（趾）头分开。

6 与柴犬一样，使用吹水机配合吹风机的热风挡进行吹毛。

7 一边用钉耙梳去除死毛，一边用吹风机吹干。

注意！
8 使用吹风机配合棉片擦干褶皱中的水。

9 用手指掰开褶皱处，确认没有残留的水分。

注意！
10 为了进一步去除死毛，使用祛毛梳梳毛。

注意！
11 最后用橡胶刷梳毛。

注意！
12 所有步骤都结束后，使用滴眼液保护眼睛。

贵宾犬等卷毛犬彻底去除污垢和多余油脂后，才能方便后续的造型

模特/玩具贵宾犬 chocola　宠物店/《OLIVER》

清洁会影响美容造型的最终效果，一定要确保洗澡后没有污物残留。

使用白毛犬专用浴液，
洗掉大部分油脂

■浴液会影响最终造型的效果

贵宾犬是造型犬之一，贵宾犬可以做的造型从赛事造型到日常造型样式繁多。甚至可以说有多少个造型师就能有多少种造型设计。

而浴液的选择和使用能够影响最终造型的效果。通过使用浴液可以将狗狗身上的污垢和油脂清洗干净，让毛发蓬松。如果清洁不到位，就会大大影响修

剪的效果。有些宠物店甚至会在造型前让狗狗重新洗澡。

通过使用浴液可以达到以下几点目的。这些不仅适用于贵宾犬，同样适用于其他犬种。

● 清洁被毛及皮肤上的污垢。
● 恢复被毛及皮肤的健康，保持最佳状态。
● 为达到最好的造型效果做准备等。

1 将花洒贴在狗狗身上打湿毛发，使用白毛犬专用的浴液，可以让毛色显得更白。

注意！
2 为了不使水进入狗狗的鼻子，将狗狗头部抬高。

3 将专用的水龙头起泡器贴在狗的身上移动着清洗。

4 爪子也是污垢集中的地方，要仔细清洗。

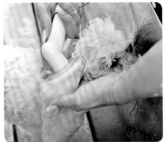

注意！
5 耳朵是油脂集中的地方，耳朵的外侧及内侧都要仔细清洗。

注意！
6 洗脸时更换小号的起泡器，方便清洗。

7 清洗眼部及口鼻周围时，可以直接挤上浴液用手充分起泡后清洗。

8 冲洗的顺序是从头部往身体移动，花洒紧贴着身体。

不要过度冲洗

1 再一次用浴液清洗全身，特别是爪子和耳部，洗掉油垢。

2 将浴液挤在背上。

3 在脸上也挤上浴液。

4 用手指轻轻按摩，让浴液起泡。

注意！

5 从头部开始仔细冲洗。通过冲水的声音可以判断泡沫是否彻底清洗干净。

6 爪子也要仔细冲洗。

7 让狗狗直立起来以便冲洗腹部。

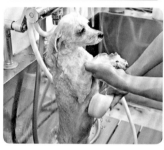

8 最后再冲洗眼睛，或者用手在眼部淋上温水。但是注意不要过度冲洗。

注意！

白毛犬专用的三类浴液产品

1 通过强力的去污效果，让毛色更白的浴液产品。

2 添加蓝色色素，利用视觉错觉让毛色看起来更白的浴液产品。

3 添加漂白剂，通过让毛发脱色来让毛色更白的浴液产品。

根据各类产品的不同特性，搭配合适的护毛素或营养素一起使用。

巧妙利用吹水机，让毛发迅速干燥
并拥有拉毛般的柔顺效果

1 用毛巾在狗狗身上轻按，充分吸收水分。

注意！
2 在狗狗的被毛上喷洒增加毛发蓬松度的护毛素。

3 使用吹水机从被毛根部开始吹毛。

4 用吹水机将爪子及脚底的水吹干。

注意！
5 用吹水机吹干头部毛发，注意不要让风直吹眼部。

6 在耳部喷上增加毛发垂顺度的护毛素。顺着毛发生长的方向吹干。

7 从毛发根部吹干腹部的水。

8 吹干四肢。

注意！

使用吹水机配合钉耙梳

吹水机干燥速度快，而且效果好。如果能灵活使用吹水机，就能够将8成的毛发吹干，且效果垂顺。使用吹水机时最好搭配钉耙梳，按照"头部→身体→四肢及爪子→尾部→耳朵"的顺序进行梳毛。最后将吹水机调至冷风挡，快速吹过全身。

狗狗专用"药膳"

现在狗粮产品逐渐开始关注饮食健康的问题，还有很多主人选择亲手给狗狗做饭。

自古至今，人们对食物的要求不仅仅是饱腹，而且还要有营养、有利健康。这对于"杂食性"的狗狗来说同样重要。

给狗狗做饭时，很多人会参考中国的"药膳"理念。选择食材时，不仅考虑营养，还要考虑食材对身体有什么作用。

最基础的一点是重视"季节"。大多数当季盛开、结果、生长的食材都有着该季节所需要的能量。比如夏季的食材能够防暑降温、利尿利汗；春季的食材能促进身体排出冬季堆积的毒素。只要认识到不同食材都有不同的意义，就可以在"未病"阶段起到预防作用。

在中国，药膳这一概念早在2000多年前就有文献记载。不论是药材还是食材，都有着食性、食味、食效。与西方医学的对症疗法不同，中医讲究维持身体整体的平衡。

食材的食性有五种：温性、热性、寒性、凉性、平性，代表着食材对身体的作用。大致分为：

暖身（温性、热性）；

凉身（寒性、凉性）；

不暖不凉（平性）。

宠物狗中越来越多出现身体过热的现象。这一现象不是指发烧，而是上火导致全身燥热。

检查狗狗是否上火时，可以查看腹部、耳道、嘴巴和排泄物等的颜色。皮肤的颜色应该为肤色，如果泛着粉红，则说明有火气。对于白毛犬来说尤其明显。尿液颜色较平时更深、异味更重，大便异味重或大便发干等也是上火的表现。

体内有火气→未病的状态→放置不管→最终会引起某种健康问题。这时应该选择一些能够降火，让身体回到正常状态的食材。可以将食材炖煮后喂给狗狗，或者盖浇在平时的狗粮上。

平时还可以制作一些适合于不同季节的"药膳"，让狗狗的身体与心灵都保持平和的状态。

（资料来源/日本中医药食品协会认定中医药膳指导员、ttouch认定从业者 油木真砂子）

◀将多种时令食材和其他食材一起炖煮。

◀将食材炖煮后切块搭配狗粮，易于消化。

第 3 章

狗狗造型技巧

身体结构
修剪工作中要了解狗狗身体的各个部位

● 身体结构 ●

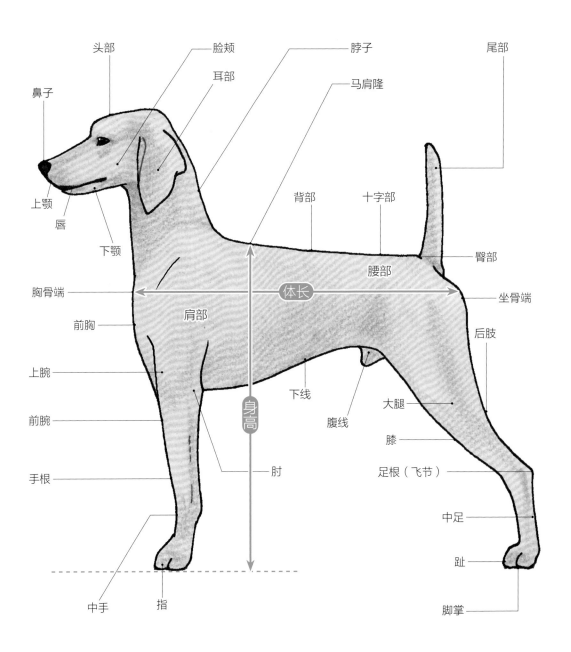

骨骼结构
了解狗狗的骨骼结构是修剪毛发的基础

● 骨骼结构 ●

骨骼的构成方式塑造了狗狗外观的框架。
与许多哺乳类动物一样，只有雄犬才有阴茎骨。

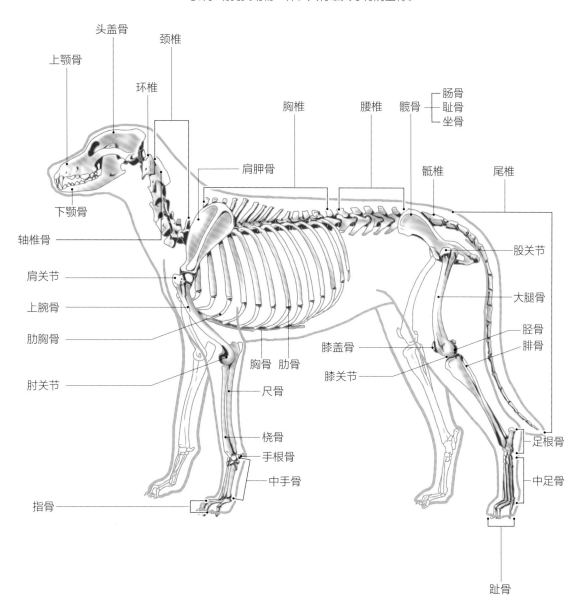

通过观察行走姿势了解狗的骨骼结构

■**行走姿势是非常重要的信息来源**

行走姿势能反映出很多信息。通过观察狗的动作，也就是行走的姿势，不仅能看出狗的骨骼结构、肌肉结构，甚至还可以分析出它当前的心情。

有些宠物美容师在给狗进行按摩之前，也会先观察狗走路的姿势。从走路姿势可以看出这条狗的骨骼构造以及特殊习惯，从而能够分析出它的哪些部位出现了异常。

观看宠物犬比赛也可以锻炼分析犬类行走姿势的能力。对参赛犬动作的审查包含着从心理健康到生理健康（骨骼、肌肉）等的重要信息。值得注意的是，有些犬种具有特有的走路姿势，而且特有的走路姿势可以追溯到犬种的发源，也会决定犬种的用途。

通过观察走路姿势是否正确，能够了解骨骼的角度，从而推断出肌肉的状态。具有专门职业的工作犬、狩猎犬以及雪橇犬需要较好的运动能力，如果走路姿势不好，缺乏效率，会平白消耗更多能量，使得工作犬容易疲劳，影响工作。

不仅是工作犬，作为生活伴侣的宠物犬也是一样。正确的走路姿势可以减少疲劳，防止身体出现歪斜。

很多狗的骨骼结构都没有达到标准，世界上不存在完美无缺的狗。

● **正确的站姿** ●

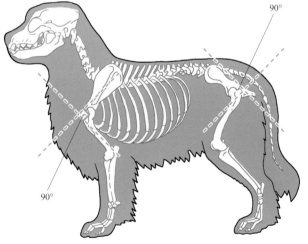

▲ 摆正姿势。不仅是在犬类比赛中，在修剪时也要让狗摆正姿势。让狗的前肢踩在美容台的边缘，保持伸展。这样便于整体观察造型的均衡性，找到需要微调的位置。

侧看、前看、后看，修剪后可以通过狗狗的走路姿势看出仍需微调的地方

● 功能性最佳的走路姿势 ●

前肢伸展的轨迹   后肢抬起的轨迹

● 检查动作 ●

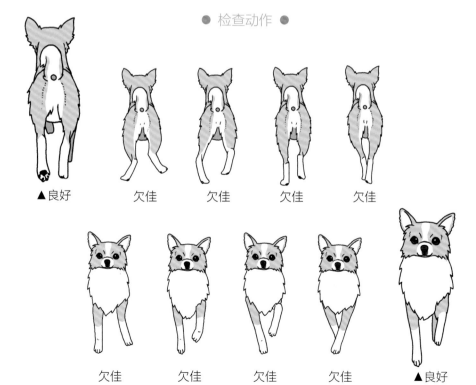

▲良好   欠佳   欠佳   欠佳   欠佳

欠佳   欠佳   欠佳   欠佳   ▲良好

肌肉结构
按照犬种的肌肉及骨骼构造修剪造型

● 肌肉结构 ●

■犬类后肢的肌肉非常发达

犬类的肌肉由三种肌肉构成：

● 调解脏器运转的平滑肌；

● 维持心脏运动的心肌；

● 可以由自我意识控制的骨骼肌（横纹肌）。

骨骼肌控制骨骼动作，犬类的骨骼肌比人类更多，尤其是控制后肢动作的肌肉非常发达。通过控制后肢肌肉可以发挥出极佳的爆发力和跳跃力。此外，犬类的肩部与躯干仅通过肌肉连接。

与人类一样，犬类的走路、跑步、跳跃等运动机能都是由骨骼与肌肉控制的。了解犬类的肌肉结构同样重要。

侧头肌

僧帽肌

三角肌

广背肌

伸肌

三头肌

胸肌

大腿二头肌

腓肠肌

背最长肌

臀肌

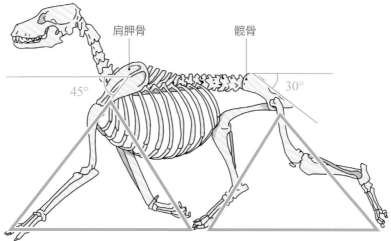

肩胛骨　　　　　髋骨

45°　　　　　　　　30°

当图中三角形底边达到水平时,为最平衡的走路姿势

▲正确的平衡步态(快步)

● 步态种类 ●

▲常步(walk):加速最少,相对来说是较容易改变方向的自由步态。

▲快步(trot):比常步速度更快、步幅更大,为双腿着地的对角运步。

▲袭步(gallop):加速至最快时的步态,一个完整的步子有四个节拍。

贵宾犬参赛造型
表现幼犬的可爱与轻快

模特 / 凯莉　　宠物店 / 岛本

让躯干轮廓呈方形。

给脸部修容时要注意电剪的温度不要烫伤狗狗。

给四肢修毛时毛发长度要超时爪子。

修剪时要慎重，让四肢的动作显得轻快。

白色及其他毛色犬要提前1天、黑色犬要提前2~3天为参赛做准备

■贵宾犬"first造型"与"second造型"之间的区别

"first造型"指的是利用贵宾犬天生的外形，在面部、四肢、尾部及腹部修剪后做出的造型。更重要的是，今后幼犬成年后，可以在此造型基础上控制被毛长度。最近产生了新的贵宾犬造型——"second造型"，修剪时将腰部修细，让躯干前面与后面有明显的界限。

在赛事中，"first造型"适合各种体型的玩具贵宾犬、迷你贵宾犬、中型贵宾犬及标准贵宾犬，年龄最大为15个月。"second造型"在造型考试、竞技赛上用于15个月以上的犬，在展示赛中则可以用于所有年龄及体型的犬。不过，很多月龄较小的玩具贵宾犬毛质较软、毛量较少，很难做出"second造型"。

对于没有做过美容的幼犬来说，要先用处于关闭状态的电剪接触身体，然后打开电源，让它逐渐适应。

先从腹部、尾部开始，然后到后肢、前肢，最后到脸部毛发。这时不要追求完美，主要是让狗狗适应电剪。

贵宾犬剪毛时要剪出体长与身高比例为10:10的方形轮廓。幼犬正处于成长期，有时体长较长，有时身高较高。修剪时要一边观察，一边找好平衡再修剪。

▲使用电剪▼

修剪前

注意！
3 沿直线修剪口鼻处的毛发。眼部上方修剪成V字形，方便后续梳顶髻。

1 在耳朵的突出部分到眼角之间用电剪推出一条参考线。取掉头顶的橡皮筋，进行脸部修毛。

注意！
2 想要达到理想的头部造型效果，脸颊部位的修毛是必不可少的。沿着毛发生长的方向逆向修毛，注意下眼睑下方也要修毛。

4 将梳子贴在口部，量出口部的长度，以该长度为准修剪脖颈上的毛发。

5 用电剪推出利落的线条边缘，突出喉部肌肉的线条。

6 不考虑断尾等因素，尾巴基部的毛发应比背部更短，拉直尾巴沿着与地面平行的方向修剪尾部外侧的毛。

7 修剪爪子内侧毛发，接着修剪爪子外侧。

8 修剪腹部毛发，雌犬修剪到肚脐，雄犬修剪到生殖器上方。

注意！
9 抬起尾巴，修剪尾部内侧的毛，注意不要伤到肛门。尾巴位置较高的狗通过修剪要显得更大，尾巴位置低的狗要显得更小。

修剪与梳毛相配合，通过
手剪达到方形轮廓

◀ 手剪 ▶

注意！

1 修剪脚部线条。脚部线条可以展现出四肢的健壮，修剪过程中要仔细观察四肢的结构。

注意！

5 打造过渡区，仔细观察全身，让整体平滑过渡。

2 修剪后肢前侧时注意不要覆盖住指甲。

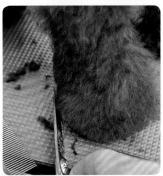

6 将剪刀本身当做尺子，将后肢修剪出轮廓。

注意！

3 髋骨附近修剪成与地面呈30度的角度。

7 后肢两侧垂直修剪。

4 腰部线条与地面平行。

8 通过修剪使后肢内侧与外侧平行。

9 修剪前肢时，从前侧开始。这样可以防止因后侧修剪过度而导致身体下方的空间过空，躯干看起来过长。

10 图为修剪后的脚部线条。这个位置十分重要，修剪时需要不断确认效果。

11 将前肢抬起，做出走路时的角度，修剪下方线条及肋部。

12 前肢外侧不能比肩膀部分更宽。

13 修剪前肢内侧，一定要在两条前肢都着地的姿势下修剪，这样可以让前肢外观笔直。

14 修剪胸前。这个位置的毛发如果过多，也会让躯干显得很长。

15 修剪下线。观察全身的均衡性修剪下线。

16 修剪尾部。图为无断尾的尾部，注意不要修成圆形。

顶髻的位置要稍稍向后，
在毛发根部均匀喷上定型喷雾

◀ 制作顶髻 ▶

注意！
1 将耳前至眼角处的参考线作为基准，结合脸部与头顶的宽度在两侧取毛发并绑在一起。如果脸部与头顶较宽则取一半，较窄则取一小半。

注意！
5 喷好喷雾后，静置片刻。将梳子从毛发根部开始一点点向上梳理。如果立刻用梳子梳理被喷雾打湿的毛发，造型效果会受到影响。

注意！
2 将大拇指压在鼻梁上，用梳子将绑好的橡皮筋向后拉。

6 将耳部前侧的毛发剪短。

3 抓住毛发轻拽，使顶髻鼓起，然后立刻喷定型喷雾，固定顶髻的造型。

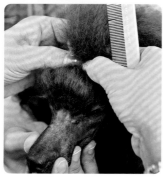

7、8 修剪头顶竖起的毛发轮廓。

注意！
4 从后向前将喷雾均匀喷在头部毛发根部。

修剪后

正面

背面

上面

使用的工具

从左至右依次为定型喷雾、电剪、橡皮筋、钉耙梳、排梳、针梳、剪刀。

注意!

关于参赛的准备工作

　　黑毛贵宾犬一般需要在参赛前2~3天进行修剪造型,这样在比赛当天就可以拥有完美的皮肤和毛色。此外需要根据每只犬的毛量、毛质进行调整。

　　如果想要展示出深色皮肤,则可以在参赛前1天或当天进行修剪。

泰迪造型
既可爱时尚又干净利索，非常受欢迎

模特/light　　宠物店/岛本

因为light是一只雄犬，所以要将后肢内侧的毛发推掉，防止尿液弄脏。

耳朵前面的毛发要剪短，避免进入嘴里。

前肢内侧的毛发也要剪短。

梳毛对于狗狗来说必不可少，
可以再现毛发的自然状态

■决定毛发长度时，要考虑是否便于日常护理

"泰迪造型"起源于40年前，这种造型不需要将贵宾犬脸部剃得光溜溜的，使人们能够尽可能了解到贵宾犬的优点。

随着时代不断发展，泰迪造型也在不断微调，现在衍生出了很多像玩偶一样的可爱造型。

贵宾犬常用的造型会将面部、四肢及肛门处的毛发推得很短，便于日常护理。较长的毛发容易弄脏，不经常清理会产生卫生问题。

这个造型案例中介绍的修剪方法，特意将耳朵前面的毛发剪短，避免进入嘴里。并且将前肢内侧的毛发剪短。模特犬为雄犬，因此后肢内侧的毛也被推掉

了。所有宠物造型工作都应在考虑日常护理难易程度的基础上进行。

修剪前

◀使用电剪▶

1 尾部推毛。注意让刀刃朝向左右两侧，避开肛门部位，以免造成伤害。

2 腹部推毛。要全面修剪，雄犬可以将生殖器前方的毛留下一些，可以减少溅尿。

3 后肢内侧也要适当推掉一些，在不影响造型的前提下减少尿渍残留。

◀手剪▶

1 修剪后脚。保留较大的接地面积，可以让脚部显得宽厚。

注意！
2 髋部的理想角度为30度。

注意！
3 从臀部到后肢的过渡要顺着狗狗自身的线条和角度。

4 将后肢两侧修剪笔直。

5 从后方看到的效果。

6 后肢的足线应与飞节高度相同。

注意！

7 背线要向着肩胛骨的方向逐渐升高。在肩胛骨后方10厘米处剪出背线的最高点，可以让身体显得短小。

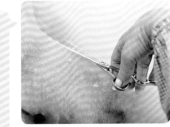

11 修剪时注意隐藏肘部。

8 将两侧的肋骨部分修剪为微圆的轮廓。

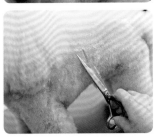

12 注意不要让前肢间的空隙过大，仔细修剪胸前的毛发。图为正前方视角。

9 清理前肢爪垫之间的毛发。

13 将尾部修剪蓬松。先充分梳毛，然后轻轻握在尾部2/3的位置，修剪尾部上方的毛发。

注意！

10 与后肢相同，前肢也要修剪足线。从上腕部向下沿直线修剪。

14 修剪尾部下方。狗狗摇尾巴时毛发会向尾巴顶端集中，修剪时可以横向修剪，形成圆润的轮廓。

使用的工具

从左到右依次为电剪、钉耙梳、剪刀、排梳。

给狗狗主人的建议

在家给狗梳毛时，尤其要注意仔细梳理耳朵及四肢，防止产生毛结。此外，狗狗进食时，可以给它戴上专用的耳罩，防止弄脏耳朵。

要点 2
将鼻子周围的毛发修剪成圆形，
显得口鼻处更短更可爱

1 沿着狗狗的喉咙将下颚的毛发剪短。

注意！

2 修剪嘴角处的毛发。将上唇轻轻掀起，剪掉过长的毛发，避免狗狗在张开嘴时出现多余的毛发。

注意！

3 用细齿梳梳理鼻梁上的毛发，以鼻梁为中心，呈放射状梳理。

4 以鼻子为中心进行修剪。左右两侧从下向上剪。

5 修剪从嘴角长出的毛发。将嘴巴周围剪成圆形，这样可以让嘴巴显得更短。

6 从后向前用梳子梳理眼睛上方的毛发。修剪时从眼角向上剪。

注意！

7 将耳朵翻过来，确定好修剪的下线。将耳朵向后折，沿着下线修剪。这样即使狗狗立起耳朵也不会露出多余的毛发。

8 从后方将耳朵轮廓修剪对称。

修剪后

正面　　　　　　背面　　　　　　上面

雪纳瑞造型
经过拔毛处理，打造富有光泽感的被毛

模特/威利　　宠物店/银牙

头部也要做拔毛处理。

躯干经过拔毛处理后，毛质提升，富有光泽感。

由于躯干的毛发较厚，四肢可以修剪为较粗的造型。

■除了全身拔毛，还可以选择部分拔毛
　　想要打造出漂亮的、富有光泽的雪纳瑞造型，需要经过"拔毛处理"。首先给狗全身拔毛，然后对新长出的毛发进行部分拔毛，从而形成不同阶段的毛层。不过，全身拔毛的过程可能会让狗狗感到不适，也可以只选择部分拔毛的方式提升被毛的光泽感。

用拔毛刀去除下层的绒毛

修剪前

▲去掉多余的下层绒毛后，被毛的光泽感就能呈现出来了。

注意！
1 首先在躯干部位使用拔毛刀。用手将狗的皮肤拉开，不要有任何褶皱。

2 给下层绒毛拔毛时，一定要让拔毛刀与皮肤平行。

3 按照躯干、肩部、肘部的顺序拔毛。

4 给腰部至大腿之间的部分拔毛，注意拔毛刀要与皮肤平行。

5 给尾部拔毛时要用手固定住尾巴。

6 给上层被毛拔毛时，拔毛刀与皮肤呈垂直角度。

◀ 使用电剪 ▶

1 给后肢内侧推毛约2mm。

2 给尾巴内侧推毛，注意不要伤害到肛周区域。修剪后从后方看呈A字形。

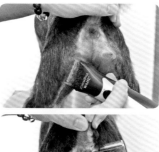

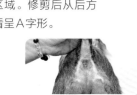

注意！
3 沿着耳根到眼角进行推毛。

4 从胸骨端长有刚毛的位置沿着下颚呈直线逆向推毛。

5 将下颚至脖颈处的毛推干净。

6 胸前的毛推成U字形或V字形。

7 耳部的毛发一定要用小号电剪，推毛时用手指保护耳朵。

8 给耳朵的内侧及边缘推毛时要小心谨慎。

9 耳朵外侧的边缘也要一边用手指保护一边精心打理。

10 修剪耳朵尖。

◀ 手剪后肢 ▶

1 修剪经过拔毛的区域和尾巴尖端。

2 用梳子将后肢的毛发梳开，从飞节向下修剪。

注意！
3 修剪脚底的毛时，将梳子抵在脚底，修剪伸出梳子外的毛。

4 将后肢放在桌上，剪掉伸出脚趾的毛，露出脚趾。

5 修剪后肢内侧的毛发。先用梳子充分梳理，观察整体的效果，修剪成笔直的轮廓。

6 修剪后肢外侧的毛发。先用梳子充分梳理，修剪腰部至后肢的毛发，让躯干的下线有一定角度。

1 抬起狗的前肢，将脚尖处的毛发剪短。

2 修剪前肢外侧及肘部毛发，让拔毛区与该处平滑过渡。

3 将前肢后侧毛发修剪笔直，与躯干部分均匀过渡。

4 修剪前肢内侧毛发，结合躯干轮廓调整腿部的粗细。

◀ **手剪面部** ▶

1 以鼻梁为基准，用打薄剪修剪双眼间的毛发。内眼角的毛发也要剪。

2 修剪眉毛。先用钉耙梳梳理，然后将剪刀朝向眼睛外侧修剪出理想的效果，要特别注意安全。

3 脸颊处修剪好后，用钉耙梳梳理。

4 先用梳子梳理胡须，然后将上唇处的毛发剪掉。

修剪后

使用的工具

从左到右依次为：各种拔毛刀、钉耙梳、梳子、各种剪刀、电剪。

正面　　　　背面　　　　上面

迷你雪纳瑞造型
无需拔毛，用剪刀打造清爽的造型

模特/莫娜　宠物店/银牙

耳部毛发保留一定长度，不用剪得太短。

嘴部从正面看上去呈椭圆形。

将爪子周围的毛发剪短，底部呈蓬松质感。

■除四肢以外，其余部分均用剪刀修剪

　　一般来说，雪纳瑞的被毛护理应使用拔毛处理。但对于那些坚决不想给狗进行拔毛处理的主人来说，也可以只使用修剪的方式。这种方法用时更短，给狗狗带来的压力也比较小。不过，如果长时间都使用修剪的方式护理毛发，雪纳瑞的毛会变软，颜色也会变淡。

首先从脸部开始修剪，
用电剪和剪刀打造可爱的造型

修剪后

图为正面视角的最终效果。
首先从脸部开始修剪，胡须
沾上唾液会变色。

◀ **脸部推毛** ▶

1 从脖子下方的凸起
沿着毛发生长的方
向逆向推毛，直至
下颚的黑色毛发处。

2 用电剪修剪眼角
向后1cm处至耳根
附近的毛发。

3 修剪眼部上方至
头顶附近的毛发。

4 修剪耳朵内侧、
耳孔周围的毛发。

◀ **脸部手剪** ▶

1 用打薄剪修剪眉
毛上方的毛发，以
突出眉毛处的白色
毛发。

2 将眉毛稍稍剪
短，露出眼睛。

3 用梳子将嘴上方
的胡须向前梳，将
比鼻子更长的毛发
用打薄剪剪短。

注意！
4 掀起嘴唇，剪
掉多余的毛发，
避免毛发入口。

注意！
5 用梳子梳理嘴
周围的胡须，将
过长的部分修剪
整齐。

6 修剪耳廓毛发时一
定要用手指不断确
认安全，不要剪到
耳朵，耳朵外侧使
用打薄剪。耳部毛
发保留一些厚度。

使用电剪彰显雪纳瑞天生的肌肉线条

修剪前

◀ 使用电剪 ▶

1 在使用电剪前，需要用钉耙梳逆向梳毛，让毛发立起来。

5 身体两侧沿着毛发生长的方向推毛，注意不要让电剪的刀刃直对着皮肤。

2 用电剪修剪肩部至肘部上方1指左右的区域。

6 后肢推毛至飞节上方3~4指的位置。

注意！
3 肩胛处有起伏，使用电剪时让狗低下头，使该部位平滑后再推毛。

注意！
7 修剪后肢毛发，注意强调出雪纳瑞的肌肉线条。

4 背部使用2mm的辅助梳进行推毛。

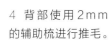

8 后肢后侧、肛门周围要逆向推毛。出于卫生方面的考虑，生殖器周围的毛发也要剃干净。

修剪四肢与身体，爪子要小、四肢要直

◀ 手剪 ▶

1 修剪爪子毛发前，先用梳子将毛发向爪垫方向梳理。

2 剪掉伸出爪垫的毛发，让爪子显得小巧。

3 修剪后肢轮廓。注意梳毛时不要让毛发过于直立。

注意！
4 结合狗狗自身的线条和角度修剪。这时要让狗狗保持静止。

5 前肢爪子的毛发修剪至稍稍能看到指甲的长度。

注意！
6 修剪肘部毛发，不要让肘部过于凸出。尽量保持直线，在下部做出蓬松的效果。

7 身体的下线由腰部、膝部、飞节的曲线连接而成。

8 修剪胸部，不要出现褶皱。

修剪后

正面

背面

上面

使用的工具
从左到右依次为电剪、剪刀、梳子、钉耙梳。

诺福克梗犬造型
通过拔毛处理，打造最自然的造型

模特/Hina　　宠物店/Grace Komazawa

耳朵外侧与内侧都要进行拔毛处理。

在注意整体均衡性的基础上，进行细致的脸部拔毛。

拔掉四肢与爪子上过长的毛发，保持自然的外形。

拔毛前要仔细观察，
确定哪些毛留下，哪些毛拔除

■展现出狗狗最自然的样貌

　　诺福克梗犬的被毛为坚硬的刚毛。因此护理时尽量不要使用剪刀或电剪，而是选择拔毛处理，这样才能达到最自然的效果。诺福克梗犬最理想的造型是不进行过度修剪，保持它原本该有的样貌。

　　造型诀窍在于了解诺福克梗犬的标准外观，彻底掌握狗的被毛状况、毛量、毛的生长方向、骨骼构造等，口鼻的长度、耳朵的位置、胸部的深度、肩宽、四肢长度、腰的位置等也要熟知。

　　进行拔毛前，要从狗的正面、背面、侧面及上面进行观察，确定哪些毛要留下、哪些毛要拔除。

修剪前

注意！
1 拔毛前，用梳子将全身的毛发梳通。

2 从后脑勺开始拔除多余的毛发。

3 沿着脖子与肩部的曲线拔毛。

4 观察肩部到肘部的整体情况，均匀拔毛。

5 用拔毛刀拔除肩胛处的毛发。

6 给身体两侧拔毛。

7 给背部及腰部拔毛。

12 双眼之间用手拔毛，注意整体的均衡性。头顶要形成舒展平滑的轮廓。

8 给尾部拔毛。

13 给眉毛及眼睛周围拔毛。眉毛尽量短一些。

9 给肛门周围拔毛。

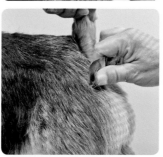

14 用手指调整嘴巴周围的毛发。

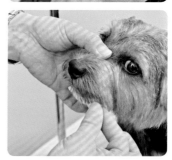

10 拔除身体下线的多余毛发。

注意！
15 用手拔掉腿部过长的毛发。最终轮廓为短粗的圆柱形，肘部向下，不要向外。

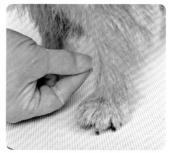

注意！
11 面部及头部进行拔毛前，确定要拔掉哪些毛。

注意！
16 细致地拔除耳部的毛发，注意耳朵外侧与内侧不要拔掉太多毛发。

要点 2
如果狗的毛量较少或难以拔除，
用剪刀修剪调整，达到自然的效果

1 用打薄剪调整脸部周围的轮廓。

4 用打薄剪修剪尾巴内侧的毛发。

2 将下颚的毛发剪短。

5 爪尖修剪出自然的效果。

3 将身体下线的毛发剪出自然的效果。

6 用电剪修剪耳朵内侧毛发，爪垫之间也要修剪。

修剪后

正面

背面　上面

使用的工具
从左到右依次为梳子、拔毛刀、剪刀、电剪，前面为指套。

给狗狗主人的建议

作为狗狗家庭日常护理环节之一，梳毛是必不可少的。即使不能达到每天梳毛，也要至少每隔几天就用钉耙梳等进行梳理。

比熊犬造型
毛量大、毛色白，打造方便打理的造型

模特/Mao　　宠物店/Ken Cherry

将包括耳朵在内的头部打造成圆形轮廓。

躯干部分的毛长控制在2cm。

腿部修剪成多边形轮廓。

用电剪剪掉容易染上污渍的毛发，
便于在日常生活中保持清洁

■对比熊犬的白色卷毛进行专业养护

比熊犬是修剪需求较大的犬种，为双层被毛，上层被毛为卷毛。想要维持被毛蓬松的质地，需要定期护理并修剪。比熊犬的下层绒毛即便经过拔毛

处理，也很容易打结，因此需要每天梳毛，并去除多余的绒毛。

虽然比熊犬是双层被毛卷毛犬，但如果不注意护理，被毛也会失去光泽和蓬松质感。

修剪前

1、2 修剪肛门周围的毛发，用手将皮肤拉平，使用电剪时必须小心，不要伤到肛门。

3 用电剪修剪爪垫间的毛发。

4 腹部的毛发修剪至肚脐附近，防止沾到尿渍。

注意！

嘴部毛发的护理

嘴周围的白色毛发会因为接触唾液或泪液变红，防止这种现象最有效的方法就是防止毛发进入嘴里。

为了防止毛发进入嘴里，可以将毛发包裹后用橡皮筋绑住，或者直接用橡皮筋绑起来。这些操作都是很必要的，此外需要经常更换橡皮筋并重新包裹。

修剪时，梳子的使用很重要！

1 先用梳子将脚部毛发向脚底方向充分梳理。

2 将过长的毛发剪掉。

注意！
3 爪尖部分修剪至能遮住指甲的长度即可。

4 修剪后肢前，用梳子充分梳毛。

5 修剪后肢侧面的毛发，注意不要修剪成圆柱形，要修剪成多边形。

注意！
6 修剪尾巴根部的毛发，修剪角度与髋骨呈30度。

7 用梳子将后肢内侧的毛发梳通，然后修剪成直线。

8 修剪后肢后侧的毛发，尽量不要修剪出角度。

9 修剪后肢前侧的毛发。

10 充分梳理躯干部分的毛发。

11 将躯干部分的毛发修剪整齐。

12 将腹部的毛发也修剪整齐。

13 使肩部与前肢之间的毛发均匀过渡。

注意！
14 修剪后前肢之间应留有一指宽的空隙。

15 修剪前肢的爪子，爪尖要刚好遮住指甲。

16 前胸一般要重点修剪，但图中的模特犬只需修齐即可。

◀ 修剪头部 ▶

1 用梳子将嘴部毛发分成左右两部分，将过长的毛发修剪整齐。

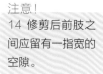

2 将眼睛上方的毛发向前梳，将眼角外侧的毛发修剪到1~2厘米长，突出深邃的眼窝。

3 头顶毛发使用打薄剪修剪。

4 用弯剪修剪下颚，要让包括头顶、耳部在内的整体轮廓呈圆形。

修剪后

使用的工具

从左到右依次为剪刀、电剪、钉耙梳、梳子、钳子、指甲剪。

正面　　　　　背面　　　　　上面

西施犬造型
利用天生的圆润外观，打造干净利落的造型

模特/rim　　宠物店/OLIVER

面部要修剪圆润。

嘴边的毛发容易沾染污渍，要把会沾到口水的毛发剪去。

躯干毛发要用电剪沿着毛发生长的方向进行修剪。

西施犬毛量大，在炎热的季节或
由老年人照顾时最好用电剪打造清爽的造型

■西施犬毛量大，可以做出多种造型

西施犬一直是颇具人气的造型犬。虽然现在贵宾犬越来越受到人们的喜欢，但是西施犬仍有很高的人气。

西施犬的被毛属于双层被毛，但掉毛量却相对较少。不过，换毛期还是会掉毛，主人们可以在家中给西施犬梳毛。因为西施犬的毛量大，给它们洗澡吹毛是很辛苦的。

西施犬属于长毛犬种，但很多主人为了方便打理，选择用电剪推成短毛。西施犬依托天生的圆润外形可以做出可爱的造型。

西施犬的面部容易沾上污渍，因此最好将它们口部及眼部周围的毛发剪短。

修剪前

注意！
1、2 躯干使用电剪搭配8mm的辅助梳，沿着毛发生长的方向推毛。

3 脖子至前胸的部分也沿着毛发生长的方向推毛。

4 腹部推毛范围较广，一直延伸到胸部。

注意！
5 给肩部至肘部推毛，注意不要伤到肘部的骨头。

6 给后肢推毛，直至髋骨。

用剪刀剪出短粗的四肢

1 将脚底过长的毛发剪短，并修剪出圆形轮廓。

2 用梳子充分梳理后肢大腿上的毛发，并用剪刀修剪，与电剪推过的部分自然过渡。

注意！
3 飞节以下的毛发沿直线修剪。

4 用梳子梳理后肢内侧的毛发，修剪出直线轮廓。

5 修剪后肢前侧毛发，与身体下线连接在一起。

6 用宽齿梳梳理前肢的毛发，粗略修剪。

注意！
7 用密齿梳梳理，然后精细修剪，注意不要伤到皮肤。

8 梳理前肢前侧的毛发，将毛发立起来用打薄剪修剪。

9 修剪前肢内侧，修剪时用手抬起狗的前肢。

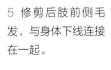

给狗狗主人的建议

　　西施犬比较容易过敏。过敏性皮肤病会受到肠道环境的影响。想要保持皮肤和被毛健康，就要保持良好的肠道环境。因此主人平时要多注意狗狗的饮食，尽量自己动手制作食物，或者选择防腐剂及添加剂较少的食物，并且要注意营养的均衡性。

要点 3
根据脸部构造修剪出圆形轮廓，
避免扁平造型

1 用细齿梳将内眼角的毛发梳起。

5 从下颚向耳根沿弧线修剪。

2 将立起来的毛发修剪整齐。

注意！
6 使用弯剪在头顶部分剪出圆形轮廓。

3 将眼睛上边的毛发向前梳，用打薄剪修剪遮住眼睛的毛发。向上生长的睫毛不用修剪。

注意！
7 将鼻子及嘴部的毛发剪短，防止进入嘴里。有些狗狗会扭头，所以要固定好头部。

4 修剪脸颊的毛发，决定面部的宽度。

注意！
8 轻轻扒开嘴巴，将容易沾到唾液的毛发剪掉。

正面

背面

上面

修剪后

使用的工具
从左到右依次为梳子、剪刀、电剪。

长毛吉娃娃犬造型
双层被毛中长毛犬要使用祛毛梳去除多余的下层绒毛

模特/Kai　　宠物店/银牙

用祛毛梳梳理过的毛发富有光泽。

爪子周围修剪得干净利落。

祛毛梳比剪刀更安全

■在不给狗狗带来负担的基础上使被毛更有光泽

吉娃娃犬有中毛和长毛两种。中毛吉娃娃犬护理时只需要完成基础步骤就足够了，而长毛吉娃娃犬除了基础护理外，还要进行专门的被毛护理。

如果想要狗狗的毛发蓬松或者变短，以前很多美容师会选择电剪或剪刀。最近越来越多的人开始选择使用祛毛梳，有些宠物店还专门为造型犬设置了"祛毛梳套餐"。

需要用祛毛梳进行被毛护理的犬种，除了吉娃娃犬以外，还有长毛腊肠犬、巴哥犬、查理士王小猎犬、柯基犬、喜乐蒂牧羊犬、拉布拉多寻回犬、金毛寻回犬、边境牧羊犬等。祛毛梳可以去掉外层被毛中的死毛和多余的下层绒毛，从而促进新毛发育，形成健康亮泽的被毛。

修剪前

注意！
1 用祛毛梳去除背部多余的下层绒毛。祛毛梳的刀刃不会割断毛发，使用起来像梳子一样，十分方便。

2 用祛毛梳梳理腰部及身体两侧的毛发。

3 梳理后肢大腿的毛发。

4 梳理胸部的毛发，达到蓬松效果。

5 梳理肋下和前肢的毛发。

6 图为全身毛发经过祛毛梳梳理后的样子。

用打薄剪将爪子及臀部修剪出利落感

◀ **手剪** ▶

注意！
1 用梳子沿着毛发生长的方向梳理后肢爪子的毛发。

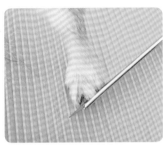

2 将爪子上过长的毛发剪短。

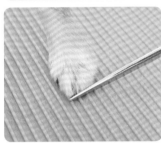

3 用手抬起狗狗的前肢，将爪垫上的毛发修剪整齐。

4 将前肢放在桌上，修剪爪尖上过长的毛发。

5 充分梳理大腿后侧的毛发。

6 用剪刀剪掉过长的毛发。

7 向飞节处修剪，过渡要自然。

注意！
8 为了保持肛门周围的清洁，该处毛发要剪短。

9 修剪后肢内侧的毛发。

10 另一边的后肢内侧也要对称修剪整齐。

修剪后

正面

背面

上面

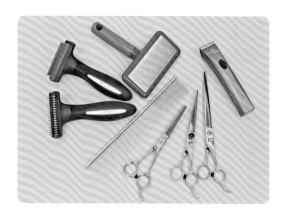

给狗狗主人的建议

主人在家里也可以使用相关工具给狗狗护理毛发。本节使用的祛毛梳属于专业工具，市面上也有适合家用的产品。去掉多余的下层绒毛，会让狗狗感觉更加轻松。

使用的工具
从左到右依次为祛毛梳、钉耙梳、梳子、剪刀、电剪。

长毛腊肠犬造型
通过定期祛毛维持被毛的柔顺质感

模特/Lance　宠物店/银牙

用较细的拔毛刀处理头部及面部的毛发，达到清爽精致的效果。

爪子也用拔毛刀处理利落。

通过定期祛毛维持被毛的天然光泽。

全身使用拔毛刀，
通过去除多余的下层绒毛让被毛恢复生机

■去除多余的下层绒毛可以促进代谢

　　长毛腊肠犬由于年龄和状态，有时会选择使用电剪来处理被毛。其实也可以选择用拔毛刀护理毛发。用拔毛刀去除下层绒毛，可以促进新毛的健康发育，让被毛保持最佳状态。一些狗狗在做完绝育后毛发状态不佳，也可以用拔毛刀处理。

　　本节中的模特犬以前和家人一起在国外生活，由于压力过大，被毛颜色几乎全白了。回国之后定期到宠物店祛毛，渐渐恢复到了图中的样子。

修剪后

注意！
1 使用拔毛刀时，一定要用手拉紧皮肤。

2 让拔毛刀以几乎与皮肤平行的角度移动。

3 大腿部分也一样，用手拉紧皮肤，拔毛刀保持与皮肤平行的角度，沿着髋骨祛毛。

4 去除尾部多余的毛发。

5 去除脖子至前胸多余的毛发。

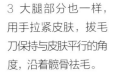

6 给躯干两侧祛毛。抬起狗的前肢以拉紧皮肤，用拔毛刀去除多余的毛发。

7 去除前肢及爪子上多余的毛发。

8 沿着毛发生长的方向处理耳部的毛发。这个部位容易受伤，需要格外注意，且不要过度祛毛。

9 将脖子附近的多余毛发去除干净。将耳朵向前拉，去除多余的毛发。

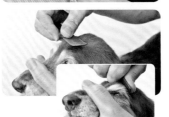

10 头部及面部要使用小号拔毛刀，一点一点将不整齐的毛发去掉。

梳毛是修剪工作的重点

注意！

1 修剪爪尖毛发前，先用梳子充分梳理，防止缠绕或有毛结。

2 将前爪上过长的毛发剪短。

3 将后爪周围的毛发也剪短。

4 将前爪翻过来，将过长的毛发剪短。

5 将指间过长的毛发修剪整齐。

6 修剪身体下线处的长毛，长度保持在不会碰到地面的程度。

7 沿斜线修剪前肢上的长毛。

修剪后

正面

背面

上面

◀ 三种被毛类型的腊肠犬 ▶

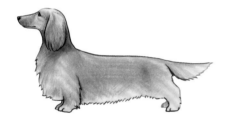

标准腊肠犬（长毛）

迷你腊肠犬（中毛）

Kaninchen腊肠犬（刚毛）

腊肠犬有三种体型及三种不同的被毛类型。刚毛的腊肠犬同梗犬一样，需要进行拔毛处理。

使用的工具

从左到右依次为祛毛梳、钉耙梳、梳子、剪刀、电剪、拔毛刀。

给狗狗主人的建议

　　在狗狗换毛期间，无处不在的狗毛会让房间打扫起来十分困难。此时，可以尝试在家里给狗狗进行被毛护理。

　　其中梳毛工作固然重要，但使用拔毛刀进行的祛毛工作更是可以彻底去除没能脱落的死毛，促进细胞活力。

查理士王小猎犬造型
炎热的季节可通过祛毛减少毛量，保持清爽

模特/雷米　宠物店/OLIVER

面部及头部偶尔会有几根非常长的毛发，可以用手拔掉。

如果耳朵里面发红且有异味，要检查是否有过敏问题。

将毛发修剪成适中的长度，方便日常生活及护理。

查理士王小猎犬为双层被毛，掉毛量大，使用拔毛刀去除多余的下层绒毛

■造型的关键是要保持自然的姿态

　　查理士王小猎犬是一种造型犬，而且耳朵很长，很多主人会选择来宠物店给狗狗处理毛发。

　　上层被毛可以用电剪剪短，但是想要保持查理士王小猎犬自然的姿态，需要使用拔毛刀和细齿梳去掉多余的下层绒毛，使被毛恢复清爽和光泽。

　　有些查理士王小猎犬的腰部至后肢之间会有卷毛，看起来十分臃肿。同样，将这部分的下层绒毛去除后，就能减轻臃肿感，显得利落。此外，如果狗狗的后肢受到异常的压力或其他问题，也会使后肢的被毛卷起来。

修剪前

注意！

1 图中模特犬的被毛是夏季用电剪剪短，入秋后逐渐长长的状态。首先用祛毛梳梳理背上的毛发。

2 使用祛毛梳时不要过于用力，从腰部向大腿、膝盖区域梳。

3 同样也可以使用拔毛刀。

注意！

4 头部及面部使用小号的拔毛刀。

5 用电剪修剪腹部至肚脐周围的毛发。雄犬最好保留生殖器前方的毛发。

6 用电剪修剪爪垫上伸出的毛发。

考虑到夏季生活的便利性，修剪成清爽利落的造型

注意！
1 将前肢爪子周围的毛发修剪成圆形，注意不要剪得过短。

6 飞节以下的长毛用打薄剪修剪。

2 修剪从指间伸出来的毛发。

7 使用打薄剪将躯干下线的毛发修剪整齐。

3 将前肢抬起来，将毛发修剪整齐。

注意！
8 修剪耳部的长毛，注意与身体的平衡性。耳朵要比躯干短一点。

注意！
4 修剪肘部毛发时，注意不要伤到凸出的骨头。

9 用打薄剪修剪头顶白色被毛的边缘，让毛色更加鲜明。

5 修剪后肢爪垫上伸出的毛发。

10 将面部的胡子及不整齐的毛发修剪整齐。

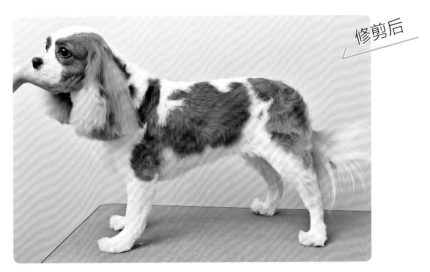

修剪后

正面

背面

给狗狗主人的建议

　　查理士王小猎犬是一种可以保持原本姿态，不需要进行修剪的犬种。但是它们的掉毛量很大，因此建议主人在家中尽量每天给狗用细齿梳梳毛。不仅是换毛期，平时也要定期使用拔毛刀去除多余的下层绒毛，被毛健康才会更加有光泽。

使用的工具
从左到右依次为梳子、剪刀、拔毛刀、祛毛梳、电剪。

115

专栏1

宠物美容师也要学会自我放松

■宠物美容师也需要适当放松，奖励自己

过去宠物美容师可以花费很长时间来为狗狗做造型，如今却不同了，美容师要在不给狗狗造成压力的前提下，尽可能迅速地完成美容工作。自然的、不给狗狗造成负担的造型风格成为了当今的主流。从全球范围来看，这种趋势并不奇怪。

美容师需要保持一颗平常心，不给狗狗带来压力。每天的工作中，美容师可能会面对脏污，会烦躁，会积攒压力，为此需要将自身的身体与精神状态调整好。

人类心中的烦躁等不良心理状态，狗和猫都会感受到，并进一步反映在行为当中。如果宠物主人压力过大，处于不稳定的状态，那他们饲养的宠物可能也会不太稳定，出现健康欠佳、坐立不安或不自信等情况。这时，需要宠物美容师仔细观察狗狗的表情及动作。

不论宠物美容师有多么热爱工作，如果不注重休息过度劳累，身体早晚会发出抗议。偶尔奖励一下每日劳累的自己，也能让自己在工作中露出更加由衷的微笑，让来店的狗狗及宠物主人体会到宾至如归的感觉。而且，微笑本身对健康也是非常有益的。抽空去逛逛街、泡泡温泉、约约会、做个美容，放松一下。

■试试"小型冥想"

　　最近冥想成为全新的流行趋势，只需要几分钟，身心就能变得舒爽起来。首先，尽量找一个安静且不会受到打扰的地方，可以有一些自然的白噪音或舒缓的音乐。

1 找一个自己感觉最放松的姿势，可以坐在椅子上或地上等。

▼

2 在开始冥想之前，适当活动肩、颈、手腕，放松肌肉。

▼

3 坐下时稍稍伸展肩背，注意不要让肚脐以下的小腹受到压迫。

▼

4 轻轻闭上眼睛，做几次正常的呼吸。

▼

5 然后用鼻子慢慢吸气，刚开始不习惯的话，可以将手贴在小腹上，确认小腹鼓起的感觉。

▼

6 直到不能继续吸气，保持2~3秒。

▼

7 像蜘蛛吐丝一样慢慢地呼气，感受小腹稍稍收紧，逐渐平坦的过程。

▼

8 重复数次上述过程，在脑海中想象自己的身体被光明笼罩，从身体内部焕发出柔和的光芒。

　　冥想时脑海中会出现很多杂念，这时无需刻意消除杂念，而是专注于这些思考或者情感。思考自己为什么会这样想，为什么会浮现出这样的画面，渐渐地就会进入"空"的境界。冥想不是修行，只需感受即可。如果杂念过多，也可以专注于呼吸。

　　冥想没有严格的时间限制。当我们感觉到睡意、感觉到身体温暖或轻松、感觉到头脑清晰时，就可以结束冥想了。

　　尽量每天都进行冥想，效果更佳。在与自然融为一体的过程中，你会更加自信。冥想还可以促进自律神经的平衡，提高专注力，增强免疫力。

　　真正的冥想是很难的，所以推荐大家从深呼吸开始，进行"小型冥想"。

专栏2

经营完美宠物店的关键词是"疗愈"

■宠物美容师也是"犬类疗愈师"

疗愈原本是指通过药物或手术来治疗身心问题，而宠物美容师则通过梳子及浴液为狗狗的被毛及皮肤进行"疗愈"。因此，将美容师称为"犬类疗愈师"也并不为过。

宠物美容师并不仅仅关注狗，同时也要通过与宠物主人的交流，获取宠物主人的信息，从而了解主人与狗狗之间的关系。

■用舒缓的声音将宠物店打造成一个放松的地方

狗狗可能会受到来自主人压力的影响。因此，宠物店的定位应该是为主人及爱犬双方进行疗愈的地方。通过疗愈主人，狗狗也会变得更有活力，这对双方来说都很重要。

一家宠物店不仅想要让狗健康，还要让狗的主人也保持健康，这个目标听起来似乎过于贪心。但这一点在将来也许会变得重要。

日本有的宠物店会专门设置给宠物主人的"声音疗愈"项目。每天或者双休日举办体验活动，缓解宠物主人的压力，然后再与爱犬互动，这样狗狗们也更开心。

此外，可以在宠物店里播放大自然的声音。舒缓优美的声音拥有正向的效果，可以改善室内整体的氛围，甚至促进身心健康。古典音乐也是不错的选择，可以让客人在进入店内的一瞬间感受到良好的氛围，让宠物店成为放松身心的地方。

■信息共享

宠物店里可以设置一个专门的空间，用于举办各种活动以及学习会，这也有助于吸引并留住客人。同时，也为大家提供一个学习与宠物相处和掌握如何照顾宠物的机会。宠物店兼任了信息共享中心的职责，宠物美容师也要和顾客一起学习、不断进步。

站在顾客的角度想问题，不仅能够让顾客立刻感受到温暖和人情味，还有着更长远的意义。为顾客及宠物改善店内环境，这也是为他们着想的一部分。今后的宠物店在清洁与美观的基础上，更要与客人建立互相疗愈、互相信赖的关系。这样的店才能够长久经营下去。

通过共享交流各种各样的信息，可以掌握更多的知识和技能，比如人类或犬类的疗愈方法、兽医学知识、犬种分类、工具使用技法等。吸收各种各样的信息，可以拓宽自己的眼界。